NOUVELLE ÉTUDE

SUR

LES TEMPÊTES,

CYCLONES, TROMBES OU TORNADOS.

24431 PARIS. — IMPRIMERIE GAUTHIER-VILLARS ET FILS,

Quai des Grands-Augustins, 55.

NOUVELLE ÉTUDE

SUR

LES TEMPÊTES,

CYCLONES, TROMBES OU TORNADOS.

PAR

H. FAYE,

MEMBRE DE L'INSTITUT ET DU BUREAU DES LONGITUDES.

PARIS,

GAUTHIER-VILLARS ET FILS, IMPRIMEURS-LIBRAIRES

DU BUREAU DES LONGITUDES, DE L'ÉCOLE POLYTECHNIQUE,

Quai des Grands-Augustins, 55.

—

1897

PRÉFACE.

L'Histoire des Sciences nous apprend comment on arrive à la vérité. Elle nous montre aussi que l'esprit humain s'attache parfois à certaines erreurs et les défend longtemps avec une unanimité singulière, bien qu'elles soient profondément nuisibles aux progrès.

En Astronomie, sans remonter à l'immobilité de la Terre, on avait la conviction que les orbites des planètes devaient être des cercles parfaits parcourus d'un mouvement uniforme. Cette opinion a régné jusqu'à Képler, l'auteur des trois lois qui ont fait disparaître cette idée fausse et frayé la route à Newton.

En Chimie, la conviction que l'agent d'universelle transformation était le phlogistique a régné jusqu'à Lavoisier.

En Physique, le système de l'émission de la lumière a régné jusqu'aux temps de Young et de Fresnel.

En Météorologie, la croyance que les tempêtes naissent au ras du sol règne encore de nos jours.

Vers 1830 et 1840, d'habiles explorateurs, Redfield, Reid, puis Piddington, avaient étudié les tempêtes et découvert les lois de leurs mouvements circulaires.

Aussitôt les météorologistes, M. Espy, des États-Unis, en tête, les accusèrent d'erreur; d'après eux les mouvements n'étaient pas circulaires, mais centripètes.

A cela les auteurs des lois des tempêtes répondaient modestement : « Nous ne cherchons pas comment les tempêtes naissent, mais comment elles marchent ».

De fait, si elles naissaient au ras du sol, en plein calme, elles ne sauraient marcher. Cela est évident et ç'a toujours été la pierre d'achoppement de la théorie de la convection ([1]). Les auteurs des lois des tempêtes auraient pu se borner à cette réponse. Mais ils finirent, Redfield du moins, par céder aux objections dont ils étaient assaillis et par convenir que les mouvements avaient bien quelque chose de centripète.

Quant à moi, j'ai cherché où les tempêtes naissent, et je suis arrivé, il y a plus de vingt-cinq ans, à cette conclusion qu'elles naissent dans les couches élevées de l'atmosphère, qu'elles ne sont autre chose que des tourbillons à axe vertical descendant jusqu'au sol, qui tournent de droite à gauche (dans notre hémisphère). Elles sont emportées par les courants qui règnent en haut et qui propagent au loin leurs girations puissantes.

Cette idée est en pleine conformité avec les lois des tempêtes. Mais, si je recrute de temps en temps de précieuses adhésions, je n'ai pas encore cause gagnée. Il y a encore de nombreux partisans de cette méprise qui prend une légère colonne de fumée ou de sable fin pour le type achevé d'une tempête effroyable ou d'un tornado dévastateur.

J'ai soutenu mon opinion dans divers écrits, notamment dans des Notices sur la constitution physique du Soleil, *Annuaire du Bureau des Longitudes* pour 1873;

Défense de la loi des tempêtes, *Ann.*, 1875;

Sur les orages et la grêle, *Ann.*, 1877;

Sur les grands fléaux de la nature, *Ann.*, 1884;

Sur les 13 tornados du 29 et du 30 mai 1879, *Ann.*, 1886;

Dans une série d'articles de l'*American meteorological Journal* et dans un grand nombre de Notices des *Comptes rendus*.

Enfin j'ai publié un petit Volume *Sur les tempêtes* ([2]), où j'ai principalement discuté les objections qui avaient été élevées

---

[1] « En quoi consiste le mouvement de translation d'un tourbillon? L'observation nous apprend que les tourbillons immobiles, *tels qu'on les a toujours supposés jusqu'ici*, ne sauraient être que des exceptions. » *Voir* Dr SPRUNG, *Lehrbuch der Meteorologie*, 1885, page 244.

[2] Paris, Gauthier-Villars et fils; 1887.

contre ma théorie par MM. Weyher, Colladon, Pictet, Schwedoff, Lasne. Je publie aujourd'hui une *Nouvelle étude sur les tempêtes et les trombes ou tornados,* dont je vais donner une idée succincte.

Trombes ou tornados.

Théorie, tourbillons de première et de deuxième espèce; hypothèses de Hirn et de l'auteur.

On démontre que les trombes ou tornados sont descendants.

Explication de l'alternance des mouvements de descente et de retraite des trombes.

Elles n'exercent aucune aspiration si ce n'est sur l'air supérieur. Vide intérieur. Foudre en boules.

Fausses trombes que les météorologistes ont prises pour les vraies.

Tempêtes.

Lois des tempêtes; défense de la règle des huit points pour la navigation.

Calme central des cyclones; l'air du calme est descendant.

Oiseaux et papillons entraînés dans le calme et tombant épuisés, en pleine mer, sur le pont des navires.

Origine des tempêtes tropicales : *olho de boï* des navigateurs portugais.

On voit, d'après cela, qu'il y a plusieurs choses nouvelles dans ce dernier travail que je viens d'écrire au cours de ma 83e année et pour lequel je sollicite l'indulgence du lecteur; je n'ai pas voulu qu'il fût dit que, après avoir lutté vingt-cinq ans, j'ai abandonné une question où j'avais toutes les raisons pour moi.

H. F.

NOUVELLE ÉTUDE

SUR

LES TEMPÊTES.

CYCLONES, TROMBES OU TORNADOS.

PREMIÈRE PARTIE.

TROMBES OU TORNADOS.

Tempêtes, ouragans (*hurricanes,* en anglais), bourrasques, tornades, typhons, ecnéphies, tornados, trombes, tous ces mots signifient des tourbillons à axe vertical. On les connaît de toute antiquité, et il faut avouer que l'on s'en est fait, jusque dans ces derniers temps, la plus fausse idée. Ce n'est que depuis une soixantaine d'années, par exemple, qu'on s'est aperçu que les tempêtes, les ouragans, les typhons sont des cyclones (mot nouveau proposé par Piddington), c'est-à-dire des tourbillons circulaires, à axe vertical, animés de mouvements réguliers et parfaitement déterminés. Mais ces phénomènes sont tellement vastes, ils occupent sur le sol des espaces tellement considérables que l'œil du spectateur ne saurait les embrasser. Au contraire, les trombes ou les tornados (c'est le nom qu'on donne aux trombes aux États-Unis où ils font tant de ravages) sont presque des cyclones en miniature, dont la figure originale est facile à saisir. Ils ont toujours l'aspect de nuages prolongés quelque part par un appendice vertical en forme d'entonnoir très nettement dessiné. Ils descendent des nues la pointe en bas et produisent sur le sol des ravages parfois plus redoutables, mais bien moins étendus que les cyclones.

Quoique ces sortes de tourbillons (il n'y en a que deux malgré la diversité des noms) soient de même nature, qu'ils soient animés des mêmes mouvements de giration et de translation, il y a pourtant en eux des différences caractéristiques qui ne permettent pas de les confondre. Par exemple, les cyclones ou tempêtes prennent leur origine dans la région des cirrus, à 8000^m ou 10000^m d'altitude (près de l'équateur), et s'appuient sur le sol par une large base, tandis que les trombes ou tornados, qui ne parviennent jusqu'au sol que par le prolongement de leur appendice vertical et qui leur sont complètement subordonnés, naissent dans la région des simples cumulus, à 1600^m ou 2000^m de hauteur [1]. Néanmoins on ne saurait les étudier indépendamment les uns des autres.

Voici une remarque que j'ai faite plusieurs fois : c'est que, faute de renseignements qu'on ne trouve que dans les récits des navigateurs, on se faisait une idée fausse de ces phénomènes dont peu de personnes parmi nous ont été témoins. De là, la pensée que je ferais bien de présenter des récits authentiques de quelques trombes ou tornados et de quelques cyclones. C'est pourquoi je donne :

Les trombes de mer du capitaine Dampier, au xviie siècle ;
La trombe de mer de Philippeville, au xixe siècle ;
Le tornado de Monville-Malaunay, en 1845 ;
Le tornado de Delphos (Kansas), en 1879 ;
La trombe de Saint-Claude et de la vallée de Joux, en 1890 ;
Le tornado de Lawrence (Massachussets), en 1890 ;
Le cyclone de la Barbade, en 1780 ;
Le cyclone de l'île Maurice, en 1895 ;

puis d'autres récits destinés à faire apprécier le phénomène si surprenant et si capital du calme au sein même de la tempête. J'espère qu'ainsi le lecteur s'intéressera davantage à ces phénomènes si embarrassants pour ceux qui admettent encore les anciennes théories.

---

[1] C'est par erreur qu'on leur applique parfois le nom de *cyclone* : c'est ainsi qu'on a nommé *cyclone* la trombe ou tornado qui a passé dernièrement sur Paris en septembre 1896. C'est aussi par erreur qu'on dit, d'une averse excessive, une *trombe d'eau,* lorsqu'il n'y a pas de trombe du tout.

TROMBES DE MER.

Au milieu du calme profond qui précède souvent les orages, lorsque les couches basses de l'atmosphère n'ont pas le plus léger souffle, arrivent à grande vitesse de lourds nuages qui couvrent le ciel, preuve évidente qu'il règne en haut des courants puissants dont l'influence ne se propage pas jusqu'au sol.

De l'un de ces nuages, on voit pendre une sorte de poche ou de bout de tuyau qui descend peu à peu en s'allongeant. Il semble formé de la matière même du nuage ; et, en effet, c'est un vrai brouillard qui en forme la gaine et la rend visible à nos yeux.

Cependant, au sein de ce tuyau, s'agite une giration violente dont les tourbillons de poussière qui apparaissent parfois sur nos routes donnent une bien faible idée. Quand la trombe vient à rencontrer la mer, elle agit sur elle comme le ferait une vaste écope hollandaise, emmanchée d'équerre au bout d'un axe vertical ; l'eau battue circulairement est projetée au loin en écume et forme, autour du pied de la trombe, un épais embrun, c'est-à-dire une poussière aqueuse qu'on nomme le *buisson*.

Considérons attentivement cette longue gaine vaporeuse qui va du nuage au sol sur une hauteur de plusieurs centaines de mètres et plus ; elle est flexible, onduleuse ; un souffle un peu violent l'agite et la tord ; elle n'en propage pas moins jusqu'au sol les redoutables tourbillonnements qui la parcourent. Cette gaine, en forme d'entonnoir, de défense d'éléphant, de colonne, etc., finit ordinairement par être entamée elle-même quelque peu par la giration violente qu'elle enveloppe. D'autre part, la nébulosité qui la forme s'élève lentement dans l'air, et la combinaison de ces deux mouvements produit extérieurement une sorte de tourbillonnement qui n'a aucun rapport avec la violence de la giration interne. La chose devient encore plus frappante si des flocons de brouillard se détachent et montent peu à peu autour de la trombe. Tout cela est extérieur ; mais il se produit ici une illusion assez naturelle. On croit voir monter quelque chose à l'intérieur de la trombe ; un lambeau de nuage fera l'effet d'un oiseau entraîné dans la trombe et forcé de tournoyer en montant. Si ce mouvement vermiculaire est continu et affecte la gaine entière, on se

demande ce qui peut monter ainsi dans ce long tube dont l'extrémité plonge dans la mer et en bouleverse la surface ; et aussitôt,
sans autre examen, la logique de l'imagination entre en campagne. Évidemment, dira cette mauvaise conseillère, c'est l'eau
elle-même qui monte ainsi à l'intérieur ; c'est l'eau de la mer que
la trombe est allée chercher ; elle la pompe, elle la transvase dans
les nuées, on la voit monter en tournoyant. On ne se demande
pas comment un tube de vapeur pourrait contenir et soutenir des
torrents d'eau : cela est ; d'ailleurs, on voit les nuages grossir et
s'enfler rapidement de toute cette eau qui monte et s'y déverse.

Il n'y a pas à discuter avec des témoins placés sous l'influence
d'une pareille suggestion. Notez surtout qu'à l'avance, avant
d'avoir vu, tous avaient entendu longuement raconter les effets
merveilleux des trombes. Il y a des milliers d'années (¹) que les
marins se transmettent, de génération en génération, ces histoires
de trombes qui parfois soulèvent les vaisseaux par la force de
leur aspiration, vont pomper l'eau de la mer et la laisseraient
retomber en cataractes écrasantes sur le navire assez malheureux pour passer sous elle et rompre le tuyau. Ces histoires, ces
traditions, sans cesse reproduites avec des détails nouveaux,
aident singulièrement l'illusion en précisant d'avance l'impression visuelle que nous venons de décrire et que le marin se trouve
tout préparé à recevoir.

Ouvrons le *Voyage autour du monde* du navigateur Dampier ;
nous y retrouverons toutes ces idées, fort nettement exprimées
par cet habile observateur.

Trombes de mer de Dampier.

« Sur le soir, à environ 10 lieues de l'île de Célèbes, nous vîmes
deux ou trois trombes d'eau ; ce furent les premières que j'avais

---

(¹) Voici un passage de Pline qui, dans sa concision affectée, reproduit parfaitement ce préjugé : « Fit et caligo, belluæ similis, nubes, dira navigantibus ;
vocatur et *columna* quum spissatus humor rigensque ipse se sustinet et in lon-
gam veluti fistulam nubes aquam trahit. » C'est-à-dire :

Le ciel s'obscurcit, une nuée apparaît semblable à un monstre dévorant, terrible au navigateur. On lui donne le nom de *colonne* lorsque les vapeurs condensées se raidissent et se tiennent debout, formant un long tuyau par où la
nue aspire l'eau de la mer.

vues depuis que j'étais aux Indes Orientales, car pour les Occidentales j'y en avais vu souvent. La trombe est une partie d'un nuage qui pend environ une verge en bas et qui vient, ce semble, de la partie la plus noire de la nuée. Elle pend ordinairement de biais, et quelquefois elle paraît au milieu comme une espèce d'arc ou pour mieux dire a la figure que fait le bras quand on plie un peu le coude. Je n'en ai jamais vu qui pendît perpendiculairement. Elle est petite par le bout d'en bas et ne paraît pas plus grosse que le bras; mais elle est plus grosse du côté du nuage d'où elle procède.

» Quand la surface de l'eau commence à travailler, vous voyez l'eau écumer à environ cent pas de circonférence et se mouvoir doucement en rond jusqu'à ce que le mouvement s'augmente. Ensuite elle s'élève à environ cent pas du circuit et forme une espèce de colonne; mais elle diminue peu à peu en montant jusqu'à ce qu'elle soit parvenue à la petite partie de la trombe, d'où elle s'étend jusqu'au bout d'en bas qui est, ce semble, le canal par lequel l'eau qui s'élève est transportée dans le nuage. Cela paraît visiblement en ce que les nuages en deviennent plus gros et plus noirs. On voit incontinent après le mouvement de la nuée, quoique avant cela on n'en aperçût aucun. La trombe suit le nuage et tire l'eau chemin faisant, et c'est ce mouvement qui fait le vent. Cela dure l'espace d'une demi-heure, plus ou moins, jusqu'à ce que le nuage soit plein : alors il crève et toute l'eau qui était en bas ou dans la partie penchante du nuage retombe dans la mer, fait grand bruit en tombant et met la mer en mouvement.

» Il y a fort à craindre pour un vaisseau de se trouver sous la trombe quand elle crève; aussi tâchions-nous de l'éviter en nous éloignant autant qu'il nous était possible; mais, faute de vent qui nous poussât, nous avions souvent à craindre; car ordinairement il y a calme dans le temps que la trombe travaille, si ce n'est précisément à l'endroit où elle se fait. Aussi, quand on voit venir une trombe et qu'on ne sait comment l'éviter, on tâche de la rompre à coups de canon; mais je n'ai jamais entendu dire qu'on y ait réussi.

» Puisque j'en suis sur ce sujet, je crois qu'il ne sera pas mal à propos de parler de l'accident qui arriva à un vaisseau sur la côte de Guinée environ l'an 1674. Le capitaine Records, de Londres, montant un vaisseau de 300 tonneauxet de 16 pièces de canon, destiné pour la côte de Guinée et nommé *La Bénédiction,* étant à 7° ou 8° de latitude septentrionale, vit diverses trombes, l'une desquelles venait. Au lieu de se tirer de son chemin, il prit le parti de ferler ses voiles et de l'attendre. Elle vint avec beaucoup de vitesse et creva à peu de distance de son vaisseau. Le bruit fut grand et la mer s'éleva en rond comme si c'eût été une grande maison qu'on eût jeté dans la mer. La fureur du vent continua et prit le vaisseau à tribord avec tant de violence qu'il emporta d'un seul coup le beaupré et le mât d'avant; mais il se releva d'abord. Le vent fit le tour et, prenant une seconde fois le navire du côté opposé avec la même fureur que la première fois, peu s'en fallut encore qu'il ne le renversât; il en fut quitte pour son mât de misaine qui fut emporté dès le pied comme l'avaient été le beaupré et le mât d'avant. Le grand mât et son perroquet ne furent point endommagés, car la fureur du vent, qui ne dura point, n'alla pas jusqu'à eux. Quand le mât d'avant se rompit, il y avait trois hommes à la hune et un au perroquet de beaupré. Ils tombèrent tous à la mer, mais personne ne se noya.

» Nous avons d'ordinaire grand'peur de ces trombes; cependant, je n'ai jamais appris qu'elles aient fait d'autre mal que celle dont je viens de parler. Elles paraissent assez terribles, d'autant plus qu'elles viennent surtout durant le calme, dans un temps où l'on ne peut s'ôter de leur chemin; mais quoique j'en aie vu souvent, et que j'en aie été enveloppé, la peur a toujours été plus grande que le mal. »

Il ne manque qu'une chose à cette description, c'est le *buisson.* C'est ainsi que les marins appellent l'eau de la mer qui, fouettée en tous sens par la trombe, rejaillit autour d'elle en s'élevant en forme de *buisson,* à quelques mètres de hauteur. Mais Dampier l'a décrite ailleurs. Il ne manque pas de parler du moyen qu'on dit employé par les navigateurs, pour couper en deux une trombe par un coup de canon lorsqu'il n'y a pas moyen de l'éviter.

Le capitaine Cook dit aussi qu'il a entendu parler de ce moyen et il regrette fort de ne l'avoir pas employé un jour qu'il était comme enveloppé de ces trombes, mais il était si occupé de ces étranges et magnifiques phénomènes qu'il n'y a pas songé. Un météorologiste éminent, M. W. Ferrel, mort tout récemment, affirme qu'il n'y a rien de surprenant dans l'idée de cette pratique, qui lui paraît parfaitement plausible.

Voici une autre description d'une de ces trombes dans la Méditerranée. Le lieu est bien différent : Célèbes est près de l'Équateur, non loin de Sumatra, tandis que celle dont je vais parler était près des côtes de l'Algérie. Mais partout où les trombes sont observées elles se conduisent de même.

Trombe sur la Méditerranée.

La relation est du Dr Bonafont, médecin principal de l'armée; elle est extraite du *Bulletin scientifique de France*, t. XIV.

« C'était au mois de novembre 1838, peu de jours après la prise et l'occupation de Rusicada, aujourd'hui Philippeville. Le ciel, peu couvert du côté de la terre, présentait de gros nuages sur la mer. Aucun bruit d'orage ne se faisait entendre et aucun éclair ne le sillonnait. Tout à coup..., je fus surpris par un bruit lointain du côté de la mer : c'était une trombe qui venait de doubler le cap de la montagne des Singes, à Stora, et que le vent poussait sur Philippeville. Arrivé au milieu de cette plage et à une faible distance de la terre, le nuage qui la portait rencontra un cumulus très épais qui l'arrêta en se confondant avec lui. Je contemplais ce phénomène lorsqu'un nimbus, se détachant du groupe principal, le déroba à mes yeux; bientôt ce nuage se bossela au milieu, s'allongea sensiblement et donna naissance à un appendice dont la base large se confondait avec lui, tandis que le sommet descendait visiblement du côté de la mer, en exécutant de grandes oscillations que lui communiquait le vent. Cette colonne-nuageuse, plus transparente au milieu que sur les côtés, ne présentait rien de particulier. Aucun mouvement intérieur n'y était du moins apparent; mais, une fois parvenue à une faible distance de la surface de l'eau, son sommet s'allongea rapidement en se rétrécissant et plongea dans la mer dont l'eau était venue à sa rencontre en s'élevant à une certaine hauteur.

» La trombe avait à peine touché la masse liquide, que celle-ci fut fortement agitée dans une grande étendue, et qu'un mouvement d'ascension, pareil à celui d'un siphon où le vide a été fait, s'établit dans l'intérieur de la colonne. Le mouvement que nous avons pu voir distinctement se faisait en spirale, depuis le sommet en forme de suçoir jusqu'à sa base qui se confondait avec le nuage. Cette spirale, dans laquelle on distinguait le courant ascendant et rapide de l'eau, suivait les dimensions de la trombe qui, très étroite à sa partie inférieure, allait en s'élargissant jusqu'au nuage, auquel elle transmettait l'eau qu'elle enlevait de la mer. Le mouvement giratoire et aspirant était si fort qu'on pouvai tentendre clairement le bruit que faisait le liquide en se précipitant vers l'orifice du tube, dans lequel sa marche se ralentissait au fur et à mesure qu'il avançait dans son intérieur, ce qu'expliquent très bien la forme évasée et la résistance qu'offraient les couches d'eau supérieures à celles qui les suivaient, résistance qui, pour être vaincue, devait exiger une force d'aspiration énorme. Quand le volume d'eau était parvenu à la partie supérieure de la spirale, il semblait se raréfier pour se confondre avec le nuage qu'il grossissait à vue d'œil.

» Outre les courbes que lui communiquait le vent sans la faire changer de place, la trombe présentait trois sortes de mouvements : 1° mouvement giratoire à l'intérieur, comme nous venons de le dire; 2° mouvement de rotation, si ce n'est de la trombe elle-même, du moins de la couche d'air qui l'entoure en tourbillonnant de la base au sommet; 3° mouvement de translation imprimé par le nuage dont elle dépend et qui peut, selon la force du vent, lui faire parcourir de grandes distances....

» Quand la trombe cesse d'aspirer, le sommet se dissout et le corps semble se replier sur lui-même par une sorte de mouvement vermiculaire, qui peut se comparer à une sangsue gigantesque, et va former une arête plus ou moins grande qui reste longtemps appendue au-dessous du nuage.

» Si la trombe finit par la cessation de la cause qui l'a produite, l'eau qu'elle a absorbée reste suspendue dans l'atmosphère avec le nuage qu'elle a contribué à grossir; mais si, pendant qu'elle est en action, elle rencontre dans ses mouvements de translation un corps ou tout autre obstacle qui brise la spirale, il arrivera que l'eau de la partie supérieure de la colonne, n'ayant pas encore atteint la hauteur convenable pour être en équilibre avec les couches atmosphériques qui soutiennent le nuage lui-même, retombera avec violence, entraînant avec elle une grande partie de celle qui a déjà été absorbée. La trombe alors laissera échapper un déluge d'eau.

» C'est afin d'éviter cet inconvénient et aussi celui de la rotation qui, entortillant les voiles, peut briser les vergues et les mâts, que les marins, quand ils ne peuvent l'éviter, cherchent à la rompre à coups de canon. »

Explication des trombes par les météorologistes.

Voilà bien les trombes telles que les ont vues, en mer, Dampier au XVIIe siècle, le Dr Bonafont au XIXe; telles qu'elles se montrent encore aujourd'hui sous toutes les latitudes et dans toutes les mers. On les voit naître, se former en tourbillons qui agissent sur la mer, qui en pompent les eaux jusqu'aux nues, et se dissipent après avoir transporté ces eaux par une aspiration puissante. Il semble donc que ces trombes soient une pompe, une espèce d'appareil mécanique d'autant plus curieux que le tube par lequel l'eau est ainsi transportée à 500^m, 1000^m ou plus de hauteur, est un fragile nuage, cédant au moindre vent et n'ayant guère plus de consistance que celle d'un brouillard ou d'une brume plus ou moins opaque. Cependant les physiciens savent depuis longtemps que, si puissante que soit l'aspiration, elle ne saurait élever l'eau, même par un canal solide comme le bronze, à plus de 10^m de hauteur. Cette idée est donc simplement inadmissible; mais les marins l'ont vu depuis tant de siècles, ils ont vu si souvent l'eau de mer s'élever jusqu'aux nues dans le canal brumeux de la trombe, que le fait, car cela passe pour un fait, est considéré comme certain et que les physiciens eux-mêmes s'évertuent à en chercher l'explication.

Pour qu'un courant ascendant, capable d'entraîner quelque chose avec lui, puisse se produire dans l'atmosphère, il faut qu'une grande masse d'air inférieure, prise au ras du sol, soit échauffée, par le Soleil par exemple, plus que l'air ambiant. Elle devient ainsi plus légère que les couches placées au-dessus, et s'élève en les traversant. Mais en s'élevant elle se dilate, par conséquent elle se refroidit et s'arrête bientôt dans une couche supérieure, où elle se trouve en équilibre de pression et de température avec l'air ambiant.

Cela aura lieu assez tôt dans une atmosphère à l'état d'équilibre stable. Mais si cette atmosphère est à l'état d'équilibre instable, où le décroissement habituel des températures est plus marqué qu'à l'ordinaire, ce qui constitue l'instabilité, l'air ascendant, en vertu d'un excès local de chaleur, s'élèvera beaucoup plus haut, et si, de plus, l'air inférieur est très humide, l'ascension de cet air se fera deux fois mieux que celle de l'air sec, car la vapeur d'eau en se condensant fournira à l'air une nouvelle provision de chaleur qui maintiendra et accélérera son mouvement ascensionnel.

Cela posé, si l'on se reporte au phénomène du mirage, on y trouvera réunies, selon les auteurs dont nous exposons la théorie, toutes les conditions favorables à la production d'un tirage local permanent, c'est-à-dire d'un mouvement aspiratoire. Alors, en effet, le sol étant fortement échauffé par le Soleil et le temps parfaitement calme, les couches basses de l'atmosphère s'échauffent elles-mêmes par convection et deviennent spécifiquement plus légères que les couches qui reposent sur elles. Et, comme cette surélévation de température aura lieu à la fois sur un grand espace, la couche inférieure devrait s'élever partout à la fois tout d'une pièce, pour ainsi dire. Or il n'y a pas de raison, par un calme parfait, pour que l'air s'élève ici plutôt que là : il s'établira donc entre la couche basse et la couche placée au-dessus une sorte d'équilibre, mais un équilibre essentiellement instable, que le plus petit accident, une flamme qu'on allume, une feuille qui tombe, un oiseau qui s'envole rompront aisément. Aussitôt le charme rompu en un point quelconque, l'air inférieur s'élèvera à cet endroit et, comme il est chargé d'humidité, il continuera en colonne ascendante vers les régions supérieures. En montant, cet air laissera un vide au-dessous de lui, vers lequel se précipitera l'air de la couche inférieure. Celui-ci suivra à son tour le premier dans sa marche ascendante et l'on voit que, de proche en proche, l'air surchauffé de cette couche inférieure affluera de tous côtés avec une vitesse croissante *vers l'ouverture que la première bouffée ascendante y aura pratiquée.* Elle produira là une véritable aspiration. De plus, la force vive, amassée ainsi vers cet orifice très restreint, deviendra capable de produire des effets mécaniques considérables. Si le phénomène se passe en mer, la surface, fouettée en tous sens par ces mouvements horizontaux et convergents, entrera dans une sorte d'ébullition ; l'eau pulvérisée sera entraînée dans la colonne ascendante et y montera en tourbillonnant jusqu'à l'embouchure de la trombe d'où elle se déversera finalement dans le nuage qu'elle achèvera de remplir.

Telle est la théorie. Sans nous arrêter à ses défauts nous signalerons le point délicat pour ceux qui l'ont conçue : c'est d'expliquer comment il se fait que les marins, qui se sont trouvés accidentellement sous le coup de la rupture d'une trombe ou qui ont goûté la pluie qui en tombe souvent après sa disparition, n'ont point trouvé à l'eau qui s'en écoulait le moindre goût salé. M. W. Ferrel, le célèbre météorologiste américain, disait que l'apport de l'eau de mer par la trombe est sans doute peu de chose par rapport à la provision naturelle de l'eau qui existe dans le nuage ; mais M. Peltier, habile physicien français, a abordé la difficulté de front, en soutenant que l'électricité est la cause de cet embarrassant phénomène.

D'abord, il explique tout dans la trombe par ce mystérieux agent. M. Peltier démontre, par des expériences de cabinet, que l'électricité active l'évaporation. Appliquant cette idée aux trombes de mer, il admet que l'eau y est convertie en vapeur, qu'elle monte en cet état dans le tube de la trombe et n'arrive aux nues qu'à un premier état de condensation vésiculaire. L'eau de mer est donc naturellement dessalée puisqu'elle n'y vient, grâce à l'électricité, que par une sorte de distillation.

Les trombes de mer passent quelquefois sur la Terre et réciproquement, et il n'y a guère alors de différence essentielle entre elles ; seulement, il est facile de suivre à la piste les ravages qu'elles produisent sur le sol dans leurs mouvements, par les arbres qu'elles cassent, les maisons qu'elles détruisent. L'étude en est bien plus complète et plus décisive. Aux États-Unis ces trombes de terre sont connues sous le nom expressif de *tornados*. Nous adopterons ce nom, et nous l'emploierons au même titre que celui de *trombe* pour désigner les mêmes phénomènes.

TROMBES DE TERRE OU TORNADOS.

Notre pays est vraiment privilégié : sauf quelques grandes inondations fort rares il n'y a à redouter aucun fléau de la nature. Pas de famines, pas de volcans, pas de tremblements de terre. Si parfois une trombe vient à y faire des ravages, la chose est si rare que les physiciens eux-mêmes connaissaient à peine ces phénomènes il y a peu d'années. C'est au point qu'un physicien justement célèbre, M. Pouillet, revenant de visiter et d'étudier les désastres de la trombe fameuse de Monville, en 1845, déclara en pleine Académie que ce n'était pas une trombe.

Il n'en est pas partout ainsi : les tornados des États-Unis ont acquis une triste renommée ; mais j'avoue qu'il y a quinze ou vingt ans j'étais loin de me douter de l'étendue de leurs ravages. J'avais alors recherché soigneusement tous les cas constatés en Amérique : j'en avais réuni une trentaine. Quelle ne fut pas ma surprise, quand, en 1883, je reçus du *Signal Office* un catalogue de 600 tornados qui avaient sévi dans ce pays depuis le commencement de ce siècle ! Ils sont bien singulièrement distribués dans ces quatre-vingt-sept années :

	Tornados.		Tornados.
De 1794 à 1804	4	En 1875	42
De 1813 1821	6	En 1876	42
De 1823 1833	12	En 1877	67
De 1834 1844	19	En 1878	57
De 1845 1855	11	En 1879	72
De 1855 1867	15	En 1880	111
De 1869 1874	25	En 1881 (¹)	60

Les statisticiens en concluraient que les causes qui produisent ces phénomènes se sont accrues depuis quatre-vingt-sept ans. Il n'en est rien : ces étonnantes variations montrent seulement la rapidité avec laquelle le vaste territoire des États-Unis s'est peuplé. Autrefois on ne notait pas les trombes sévissant sur des forêts ou des déserts. Il ne faudrait pas croire non plus que le service

---

(¹) Jusqu'au mois de septembre.

météorologique des États-Unis ait enregistré dans ces derniers temps des phénomènes peu importants dont on n'aurait pas fait mention au commencement de ce siècle, car je relève dans cette statistique les faits suivants. En moins de deux ans, de février 1880 à septembre 1881 : 177 personnes tuées, 539 gravement blessées, 988 maisons démolies, 5 villages de 100 à 1000 habitants presque entièrement détruits ; là où des expertises ont été faites, dix millions de francs de pertes.

Il ne faudrait pas croire pourtant que l'Europe, la France en particulier, fût exempte de ces fléaux. Dans les derniers temps seulement nous citerons la trombe d'Arsonval en 1822, celle de Châtenay en 1839, celle de Monville et Malaunay en 1845, la trombe de Vendôme en 1871, celle de Montcetz en 1874, la trombe de Dreux et celle de Saint-Claude en 1890, la trombe de Paris en septembre 1896. Commençons par l'abominable tornado de 1845, d'après le récit de M. Preisser, professeur au lycée de Rouen.

Tornado de Monville-Malaunay en 1845.

« Le 19 août, dans la matinée, le temps était très beau à Rouen ; à midi, le baromètre marquait 757ᵐ. A 1ʰ, un orage éclata, par une baisse barométrique de 16ᵐᵐ. Bientôt vinrent à Rouen des nouvelles du sinistre qui avait frappé la vallée industrielle de Monville. Après avoir endommagé, au Houlme, une fabrique d'indiennes, renversé une sécherie en la frappant d'une forte averse mêlée de grêle, de tonnerre et d'éclairs, et déraciné 180 gros arbres, le météore s'est engagé dans la vallée sous la forme d'un énorme cône de nuages renversé et tournant sur lui-même avec une rapidité effrayante. Il se précipita d'abord sur une filature à quatre étages et, en une seconde, la souleva et l'écrasa avec tous les ouvriers sans laisser une pierre en place. La maison d'habitation, située dans le voisinage, n'eut qu'une partie de la toiture enlevée. Au même instant, la trombe écrasa une deuxième filature également considérable. Ses étages étaient aplatis les uns contre les autres et pour ainsi dire pulvérisés. Là encore la maison d'habitation fut à peine entamée.

» Après ce deuxième désastre, la trombe, déviant légèrement à gauche, s'éleva un peu au-dessus d'une troisième usine dont elle détruisit le troisième étage, et de là atteignit une des plus belles filatures de la contrée. Cet énorme édifice, bâti tout en briques avec une solidité qui avait été blâmée comme exagérée, fut entièrement écrasé en un clin d'œil ; deux cents ouvriers y furent ensevelis sous les décombres. Tous les métiers, brisés et tordus, formaient un pêle-mêle horrible à voir. Les arbres, dans les environs, étaient renversés les uns dans un sens, les autres en sens opposé. Quelques-uns étaient tordus en forme d'hélice. Plusieurs maisons d'habitation, très voisines de la filature, furent entièrement épargnées.

» Tout ceci se passa dans l'espace de quelques secondes. Des personnes, placées sur les hauteurs, purent aisément observer la marche du météore, quoique sa vitesse fût effrayante. Elles s'accordent à dire que les filatures enveloppées par la trombe étaient couvertes de flamme et de fumée. On accourait de tous côtés avec des pompes pour éteindre ce que l'on pensait être un incendie. »

Après cette relation d'un professeur de Physique, venu après coup, on lira peut-être avec intérêt la description émue d'un témoin, M. E. Noël.

« J'y étais, mes chers amis, et voilà pourquoi je viens, après tant d'autres, dire aussi mon mot de ce phénomène terrible qui tout d'un coup fit voler en éclats trois filatures, écrasa des ouvriers par centaines et renversa des milliers d'arbres. L'épouvantable catastrophe mit à s'accomplir en chaque lieu moins de temps que vous n'en mettrez à lire ces lignes. Le propriétaire d'un de ces établissements venait d'en sortir et se dirigeait vers la maison d'habitation située à 100ᵐ de distance. Il entend un horrible fracas et se retourne : sa fabrique avait disparu. Saisi de vertige, il se retourne encore pour fuir vers sa maison, il voit sa maison qui s'écroule. Craignant que sa mère n'y soit écrasée, il se précipite au milieu des débris qui déjà prenaient feu et réussit à la sauver.

» C'était au milieu du jour. L'effroyable nouvelle se répandit par toute la contrée. Tout Rouen, en moins de deux heures, se transporta, se bouscula, s'étouffa dans l'étroite vallée. Partout les magasins, les ateliers se fermèrent ; les travaux de déblaiement pour retrouver les morts durèrent jusqu'au matin du 20 août.

» Quand l'épouvante et la stupeur se furent un peu calmées, on

commença à s'enquérir de l'origine et de la marche du météore ;
et voici ce qu'on découvrit :

» La trombe avait la forme d'un cône tronqué dont le sommet
qui rasait le sol avait d'abord une douzaine de mètres de diamètre,
et plus tard 40^m et même 300^m. Elle se dirigeait au NNE. Noirâtre à la partie supérieure et rouge vers la base, elle rasait, de la
pointe, les eaux du fleuve. Des rives de la Seine, elle s'élança
dans la vallée de la Romme, se dirigeànt vers Doudeville, le
Houlme, Malaunay et Monville. De là, elle gagna les hauteurs
d'Encoumeville, puis elle alla ravager les bois de Clères, où elle
traça une *horrible rue* en pleine forêt. Pas un arbre n'a résisté
sur un parcours de plusieurs kilomètres : les chênes les plus ro-
bustes étaient arrachés, tordus, brisés. Des haies avaient été enlevées, hachées ou tordues en spirales ; l'herbe, çà et là, était déra-
cinée, tortillée sur elle-même (ZURCHER et MARGOLLÉ, p. 106). »

Peu après survinrent des contestations entre les propriétaires
et les compagnies d'assurances. Celles-ci n'assuraient que contre
les effets de la foudre et non contre les ouragans. Les premiers
prétendaient que leurs désastres étaient dus à des actions électriques et réclamaient des indemnités. M. Pouillet déclara, sur
les lieux, qu'on n'y pouvait rien reconnaître qui ressemblât aux
effets ordinaires et directs de la foudre et, en cela, il avait raison ;
mais, en même temps, il déclara que rien non plus ne se rattachait
aux effets ordinaires des trombes, attendu que, si les trombes ont
un mouvement giratoire, elles ne sauraient avoir une translation
rapide, telle que celle qu'on avait observée et qui n'appartenait
qu'aux ouragans. En un mot, les savants français étaient obligés
de reconnaître qu'ils ignoraient tout sur les trombes ou les tornados, et ils abandonnèrent encore une fois ce sujet de médita-
tions et de recherches. Plus tard, lorsque j'exposais à l'Académie
mes vues à ce sujet, un de nos Confrères, M. Ch. Sainte-Claire
Deville, qui avait épousé, comme beaucoup d'autres, l'opinion des
savants américains, me riposta avec vivacité : « Vous êtes seul de
votre avis ; il n'y a pas un météorologiste, pas un marin qui par-
tàge vos idées. » Le fait est que si l'on avait soumis, à cette époque,
ma théorie au suffrage universel, j'aurais été condamné à l'unani-

mité ; et si l'on me jugeait, aujourd'hui encore, j'aurais des voix, mais pas assez pour être acquitté.

Passons aux trombes des États-Unis.

Tornado de Delphos (Kansas), 30 mai 1879.

Sa trajectoire, sensiblement rectiligne, était dirigée du SO au NE, coupant perpendiculairement la direction du vent très faible qui soufflait en bas du SE. M. Mac Laren, dont la maison était située de manière à faire apercevoir le phénomène dès son début, dit que, vers 2^h, une pluie légère, accompagnée de grêle, commença à tomber. Une demi-heure après, le tornado se montra au SO, sous la forme d'une trombe marchant rapidement vers le NE. Un peu avant son apparition, le nuage d'où il paraissait descendre manifestait une agitation violente. Il s'y était formé une série de petits appendices pendillant de ce nuage comme des lambeaux de toile (*fig.* 1). Pendant une dizaine de minutes, ils apparaissaient et disparaissaient comme des fées dansantes.

Fig. 1.

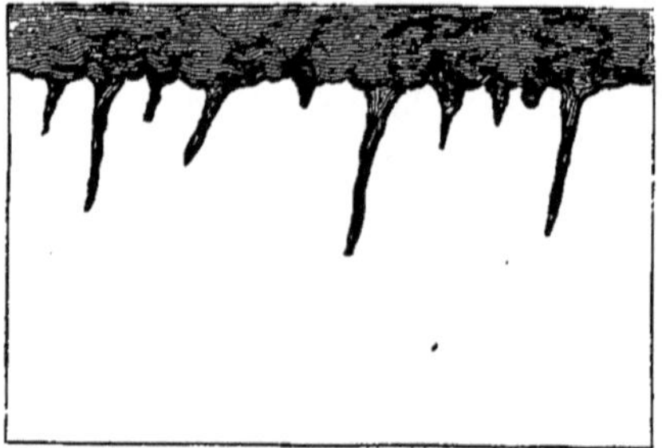

Finalement, un de ces appendices parut grandir, s'allonger vers le bas et absorber pour ainsi dire tous les autres (*fig.* 2). C'était la trombe susdite qui achevait de se former et descendait en tournoyant avec rapidité de droite à gauche ; elle oscillait un peu verticalement pour atteindre le sol et semblait s'incliner tantôt d'un côté, tantôt de l'autre.

Quand le tornado ne fut plus qu'à 3 ou 4 *miles* (4^{km},8 à 6^{km},4)

de distance, il touchait déjà le sol et l'on entendait distinctement son grondement qui jetait la terreur dans l'âme des plus

Fig. 2.

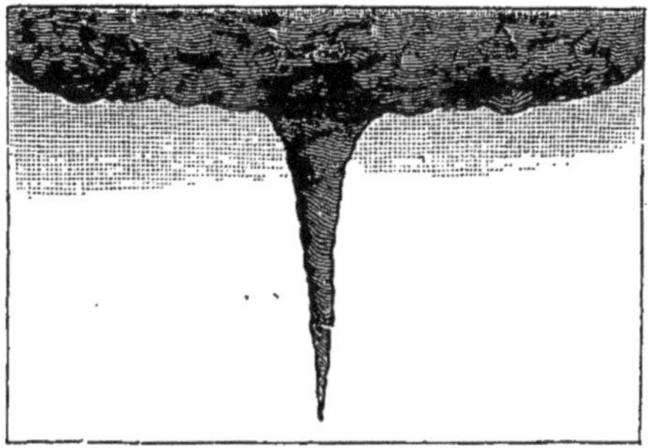

braves (¹) (*fig.* 3). Cependant le tornado avait franchi la rivière
de Salt Creek et atteint la propriété de M. Rathgiber, Ottawa

Fig. 3.

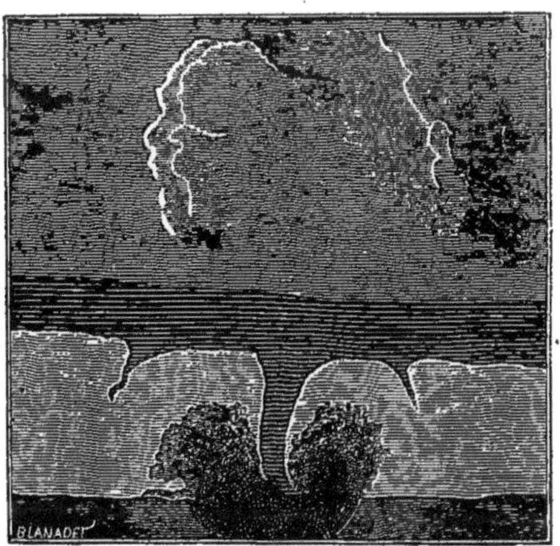

County. La maison se trouvait à $\frac{1}{2}$ *mile* de la trajectoire du
centre : elle n'eut que sa toiture enlevée.

(¹) Impossible de reproduire par un dessin la figure exacte d'un tornado agis-
sant sur le sol. Le pied s'élargit et s'entoure d'un buisson, non pas d'eau, comme
en mer, mais de feuilles, de boue noirâtre, de débris de toute sorte qui tourbillonnent autour de lui à distance et en changent la figure continuellement.

Plus loin ce fut le tour de la maison de Mme Sophronia Clark qui se trouvait juste sur le passage du centre. Cet édifice, à un étage et demi, fut enlevé de ses fondations et transporté au NE à une distance de 90 pieds : là, il tomba en un amas informe de ruines qui furent aussitôt dispersées vers tous les points du compas.

La maison en pierres de taille de M. J. Potter fut détruite, le toit enlevé, les murailles s'écroulant sur place. La famille échappa au désastre : elle s'était réfugiée dans les caves.

La maison de M. Samuel Mac Bride, à 4 *miles* de Delphos, fut ensuite attaquée. Enlevée tout d'une pièce de ses fondations, elle fut portée d'abord à 10 pieds de là au N, puis 12 pieds plus loin au NO. Mise en pièces, ses débris furent transportés sur un demi-cercle de 60 à 80 yards de diamètre. Un domestique fut enlevé et eut les bras cassés. Le propriétaire, blessé grièvement par la chute des débris, mourut peu de temps après la tempête. Sa caisse (c'était un percepteur) avait été brisée et les sacs d'argent dispersés.

La maison de M. King, enlevée en entier de ses fondations, fut portée 300 pieds plus loin à l'ENE et déposée au bord de la rivière. Chose curieuse, tout endommagée qu'elle fût, elle échappa à une ruine complète. Le tornado avait alors un diamètre de $1\frac{3}{4}$ *mile* ($2^{km},8$); son action sur les arbres avait la puissance ordinaire. Des cotonniers de 3 pieds de diamètre furent brisés au ras du sol; d'autres, plus faibles, tordus comme des cordes. Puis vint la maison de M. Taylor, arrachée de ses fondations et transportée au SO à 25 rods (elle était situé au nord de la trajectoire). La famille, cachée dans la cave, échappa au désastre.

Après avoir démoli la maison et les étables de M. Voshman, brisé ses voitures, ses chariots et ses machines agricoles, le tornado attaqua la propriété de M. Krone. Celui-ci le voyait venir, tantôt remontant en l'air en se contractant, tantôt redescendant sur le sol en se dilatant. M. Krone attendit jusqu'à ce qu'il fût à $\frac{1}{2}$ *mile* de sa maison; alors, jugeant que celle-ci allait être détruite, il poussa tout son monde dehors, pour que chacun trouvât son salut dans la fuite. Malheureusement, M. Krone et ses gens coururent au NE, juste dans la direction du tornado. Ils furent bientôt rattrapés. La maison était déjà détruite lorsque

M. Krone, jeté par terre, roulé, enlevé par instants, blessé à la tête et sur le corps par les débris de sa propre habitation, fut enfin arrêté par quelque obstacle. La fille aînée de M. Krone fut emportée à une distance de 200 yards, projetée contre un grillage et tuée sur le coup. On la retrouva toute nue sur le sol, couverte d'une boue noirâtre. Le fils aîné fut transporté dans un champ voisin, les habits en lambeaux, également couvert de boue. La seconde fille de M. Krone eut la cuisse presque entièrement percée par une pièce de bois. De la blessure de 7 pouces de largeur, le médecin retira des fragments de bois, de la boue, des clous et de la paille. Tous les autres membres de la famille subirent un sort analogue. Ce furent, comme toujours, les femmes qui eurent le plus à souffrir; entièrement dépouillées de leurs vêtements par la trombe, elles restaient à la merci des débris qui volaient de toutes parts. Leurs cheveux étaient si bien plaqués de boue qu'il fallut leur raser la tête. Tous ces malheureux, les yeux et les oreilles remplis de cette même boue, ne pouvaient ni voir ni entendre. Des deux étrangers qui avaient cherché un abri chez M. Krone, l'un fut tué sur le coup; l'autre, qui s'était caché dans une meule de paille, fut enlevé; en passant en l'air comme un ballon à côté d'un cheval debout, il lui saisit la crinière, mais sans pouvoir s'y retenir. On le retrouva au loin, son chapeau dans une main et une poignée de crins dans l'autre.

Les greniers, les écuries, les étables furent entièrement détruits; six chevaux tués, dix-huit porcs gras, pesant de 300 à 500 livres chacun, également tués sur le coup; six autres moururent de leurs blessures. Un chat fut transporté à $\frac{1}{2}$ *mile* et retrouvé, sur le sol, aplati comme s'il avait passé sous une presse à cidre. Les poules entièrement plumées furent retrouvées au loin, mortes, bien entendu.

Nous tenons ces détails de M. Mac Laren, qui vint au secours de la famille Krone dix minutes après cette catastrophe frappant subitement une famille si heureuse auparavant. Rien de plus effrayant que cette masse informe de débris, de blessés et de cadavres, au milieu de laquelle s'élevait çà et là un bras ou une voix pour appeler au secours.

Je m'arrête, bien que le terrible tornado ne soit encore qu'à la moitié de sa course. Arrivé à la frontière nord du comté d'Ottawa, il cessa de toucher terre et finit par disparaître en remontant dans les nuées d'où il était descendu.

Résumons en quelques lignes les faits constatés par l'observation, aux États-Unis, de 600 tornados, et ceux que nous avons éprouvés en Europe.

L'approche d'un tornado est signalée par un vaste nuage noir au-dessous duquel descend, en forme d'entonnoir, un énorme appendice nuageux qui atteint la surface du sol. A la pointe inférieure se trouve la très petite aire où les vents destructeurs sont condensés.

La giration, à l'intérieur de la trombe, s'opère de droite à gauche, sur notre hémisphère, en sens inverse des aiguilles d'une montre posée à plat devant nous.

La vitesse de giration est très diversement estimée, ce qui tient en partie à la région sur laquelle chaque spectateur a porté son attention. La moyenne est de 170^m par seconde, la moitié à peu près de la vitesse d'une balle de fusil (armes anciennes).

Au delà du cercle visible du tornado il n'y a pas de vent violent dû à ce phénomène.

Tous, grands ou petits, sont animés d'un mouvement de translation qui va en moyenne à 17^m par seconde; c'est celle d'un chemin de fer à grande vitesse.

Ils viennent tous aux États-Unis de quelque point de l'horizon ouest et se dirigent vers le point opposé de l'horizon est. La plupart vont du SO au NE. Jamais tornado n'a suivi une marche inverse.

Ils peuvent marcher en l'air sans toucher le sol. Leurs ravages commencent seulement lorsqu'ils descendent jusqu'au sol. Quelquefois leur extrémité inférieure se relève, puis s'abaisse un peu plus loin. Ils ont alors l'air de danser, comme le disait un ouvrier de Malaunay, en 1845.

Leur marche est en général en ligne droite. Parfois cependant on a noté de légères oscillations, de sorte que la trajectoire marquée sur le sol par les ravages présente alors des déviations en zigzag.

Leur inclinaison sur la verticale est parfois considérable.

Les trombes ou tornados arrivent souvent au sein d'une atmosphère chaude et oppressive. Ils sont suivis d'un abaissement immédiat de température.

Les tornados paraissent dans les temps orageux. Quelquefois

ils offrent eux-mêmes des signes d'une électricité propre : formation de boules de feu, sorte d'incandescence à la pointe. D'autres fois, ils en sont entièrement privés, ou du moins ne manifestent aucun signe d'électricité.

Impression causée aux États-Unis.

Voici la conclusion d'un rapport récemment adressé au Général chef du *Signal service :*

« L'effet moral produit sur les habitants, au Kansas surtout, par les treize tornados des 29 et 30 mai 1879, a été terrible, bien que dans d'autres États les ravages des tornados aient été souvent plus désastreux. Longtemps après la catastrophe, ils hésitaient à se coucher; la nuit venue, des centaines de personnes restaient habillées, lanternes allumées, craignant de nouvelles attaques. A l'aspect du moindre nuage un peu sombre, au premier souffle de vent un peu fort, la terreur se peignait sur le visage des plus braves. Bien des gens se préparaient à quitter le pays. Pendant des mois entiers les affaires furent suspendues; il ne restait guère d'activité et d'initiative qu'au sein des Comités de secours. Ceux-ci fonctionnèrent, il faut le dire à l'honneur de ces malheureux États, avec un zèle et une générosité admirables. Mais dans ces Comités même, chacun se demandait si la région n'était pas particulièrement exposée aux tornados, et jusqu'à quel point? La question pouvait-elle être résolue par le *Signal office Bureau?* Le Bureau du *Signal office* accordait-il une attention suffisante à ces phénomènes si menaçants pour la sécurité du pays? Était-il en état de donner des avertissements pour l'année prochaine. »

Pour que la Science soit en état de répondre il faut évidemment que la Science se fasse une idée juste de ces mystérieux phénomènes.

Trombe de Saint-Claude et de la vallée de Joux, le 19 août 1890.

J'extrais cette relation d'une brochure fort remarquable de M. Louis Gauthier, Secrétaire au département de l'Instruction publique et des Cultes, à Lausanne.

« Vers 8ʰ du soir, les éclairs se succédaient avec une rapidité vertigineuse, à tel point que, pendant trente ou quarante secondes, la silhouette sombre des montagnes se détacha en permanence sur le clair des lueurs fulgurantes. Sur le lac, dans la direction de Lausanne, mais bien au delà, l'éclair permettait de distinguer un nuage noir ayant la forme d'un entonnoir très évasé. Très peu de roulements de tonnerre; seuls des éclats secs, instantanés, sans écho.

» En bas l'air est calme, mais le bétail et la population s'inquiète. On rentre chez soi en hâte.

» En haut les cumulus amoncelés s'avancent rapidement du SO.

» Puis à 8ʰ l'atmosphère n'est qu'une mer de feu. Quelques grosses gouttes de pluie, quelques gros grêlons, vrais morceaux de glace formée de grains agglomérés, frappent bruyamment les toits et les fenêtres. Tout à coup, au milieu d'éclairs affreux par leur intensité, un bruit singulier, grondement ou sifflement, bref quelque chose d'épouvantable. Aussitôt, les fenêtres volent en éclats, les portes sont enfoncées, les toits sont arrachés, les maisons tremblent, les charpentes s'effondrent ou disparaissent comme des fétus. En un clin d'œil les chambres se remplissent de foin, de branches d'arbres, de planches brisées, de poutres fracassées, de pierres, de mortier. Quelques minutes encore et, au ciel maintenant sans nuage, les étoiles brillent comme autant de points d'or sur un tapis noir.

» Dans une profonde obscurité les cris : au secours ! retentissent. Ici c'est un enfant enseveli sous un amas de pierres, là un vieillard enfoui sous les décombres de sa maison. Ailleurs un homme sur la route a été frappé par les pièces de bois qui tourbillonnaient dans l'air. En quelques secondes, pour chaque maison, c'est une ruine complète. Dans la seule commune du Chenit, 40 habitations sont entièrement démolies; 57 sérieusement endommagées....

» En France, où la trombe a commencé, les premiers arbres ont été brisés au sud de la gare d'Oyonnax; la trace laissée sur la terre par ce redoutable météore est très large, de 500ᵐ à 1000ᵐ. La configuration du terrain était bien différente. Tandis que la tornade trouvait en Suisse des collines uniformes, des terrains couverts d'arbres mais peu accidentés, en France, où du reste le parcours était presque double, ce ne sont que vallées, gorges, crêtes de montagnes, parois abruptes orientées dans toutes les directions.

» Tout cela fut sans effet; tout cela fut franchi aisément avec une vitesse, bien supérieure à celle d'un train express, de 97^{km} par heure (27^m par seconde). La direction, la vitesse, l'énergie du fléau n'en ont point été influencées ou bien peu; seuls les phénomènes secondaires ont quelque peu varié. La trajectoire est rectiligne si on l'envisage d'une façon générale; elle est polygonale si on la considère en détail.

» De Saint-Claude au crêt des Lecoutre (environ 30^{km}) elle est rectiligne. De ce hameau, situé sur la gauche de l'Orbe (rivière), elle oblique fortement sur $2^{km},500$ de parcours pour atteindre la rive droite; puis elle redevient rectiligne sur 24^{km}.

» La largeur de la trajectoire prouve le grand diamètre et la force de la giration. Elle dépend aussi de la hauteur du sol faisant section dans la trombe, altitude qui a varié de 400^m à Saint-Claude, de 1300^m, de 1000^m (vallée de Joux) à 1400^m et finalement à 650^m à Croy. On peut juger de cette œuvre de dévastation par les effets constatés dans la belle et grande forêt du Bois-de-Ban, dont les sapins sont plusieurs fois séculaires. La trombe s'y est taillée en quelques instants (40^s) une rue de 800^m de large sur 1000^m de longueur; 120000 arbres furent arrachés ou cassés dans ce court espace de temps. Quelques troncs restent encore debout au milieu de ce dédale imposant de grandeur et d'horreur.

» Le mouvement giratoire a eu lieu en sens inverse des aiguilles d'une montre, de droite à gauche, pour une personne placée au centre du tourbillon. Partout, de la vallée de Joux à Croy, cette giration est nettement dessinée par les arbres abattus, les pièces de bois, les débris de toiture enlevés à droite et portés à gauche ou inversement. Les trois régions, zone dangereuse à droite, zone maniable à gauche, zone calme au centre, sont parfaitement caractérisées, l'on peut même dire, dessinées sur le terrain. Cependant, dans la partie très étroite de cette trajectoire, ces zones disparaissent et cette trajectoire n'est marquée que par des débris confus. A partir de 300^m, elles sont indiscutables; de plus, les débris sont à la fois lancés sur le sol, où ils pénètrent violemment par les vagues giratoires descendantes et projetés en l'air par les vagues ascendantes, produites par la réflexion des premières sur le sol. Ainsi, dans la vallée de Joux principalement, les champs étaient jonchés de ces fragments plantés dans toutes les directions ou couchés sur le sol, tout à fait à proximité des maisons d'où sortaient les débris. Sur une superficie d'un are, à 200^m de la maison la plus voisine et près de l'Orbe, on a compté 230 morceaux de bois gros et petits; soixante d'entre eux étaient plantés en terre de 0^m,04 à 0^m,50 de profondeur; le plus petit pesait 1^{gr},7. Comment expliquer que ces fragments, principalement les plus petits, n'aient pas été transportés au loin avec des milliers d'autres qu'on a retrouvés 40^{km} ou 50^{km} plus au N. Ces milliers d'autres ont été retrouvés autour des maisons et principalement au loin dans la direction du NE, c'est-à-dire dans celle que la trombe a suivie, et cela à des distances considérables de 30^{km} à 80^{km}. »

Il faut croire, dirai-je, que les objets enlevés par les souffles horizontaux d'une grande violence (car c'étaient des souffles provenant des girations voisines du centre et ayant une vitesse comparable à la moitié d'une balle de fusil) ont été d'abord lancés en l'air en allant plus vite que la trombe. Mais, la vitesse des deux sortes de projectiles allant en diminuant rapidement par suite de la résistance de l'air, ces objets étaient saisis de nouveau par la trombe qui les rattrapait dans son mouvement d'ensemble de 97^{km} par heure et lancés à peu près dans la même direction. C'est ainsi qu'on a vu, dans d'autres trombes, des arbres saisis à plusieurs reprises et perdant de grosses branches à chaque fois, aller par bonds à des centaines de mètres du lieu de la chute première. On conçoit ainsi que des objets puissent être transportés très loin dans le sens de la trombe sans imaginer pour cela que ces objets montent dans la trombe jusqu'aux nues et qu'ils aient été finalement abandonnés là par la giration qui les aura laissés retomber sur le sol.

« L'aspiration exercée, dit l'auteur de la Notice, par le tornado a été remarquée par toutes les personnes qui se sont trouvées dans le météore. Elles ne pouvaient plus respirer, ou bien elles durent se cramponner au sol pour n'être pas enlevées. Elle est prouvée par le transport des personnes à 20^m et même à 200^m; par l'enlèvement des toitures; par celui des meubles, linges et papiers qui se trouvaient dans les étages supérieurs; par l'arrachement vertical d'une borne de champ pesant 60^{ks}. Les débris, trouvés dans le canton de Neufchâtel, dans celui de Mouthe et de Pontarlier à 40^{km} ou 100^{km}, en font foi.

» On peut encore voir un effet d'aspiration dans le singulier cas suivant. Les rideaux des fenêtres se trouvent relevés et placés entre les poutres du plafond et les parois ; on ne peut s'expliquer la chose qu'en admettant que le plafond ait été soulevé et que le rideau se soit insinué rapidement par l'espace laissé libre un instant. Étant donnée la position de la maison par rapport à l'axe du tornado, il est difficile d'admettre que l'action aspiratrice ait seule agi ; mais, grâce au concours de l'électricité, on peut comprendre l'instantanéité du fait.

» Cas douteux de l'aspiration : quelques personnes qui se trouvaient dans la trajectoire, à des distances de 50^m à 100^m de l'Orbe, ont été subitement et très fortement mouillées. On peut voir là la chute de l'eau absorbée pendant la traversée de l'Orbe ; mais on peut aussi expliquer ce fait par la condensation subite de la vapeur d'eau qui suit la décharge électrique. »

La trace continue se termine à Croy ; mais plus au nord bien des branches d'arbres sont brisées, des tuiles sont soufflées loin des toits par un vent d'une impétuosité, d'une soudaineté qui frappe les populations. A la trombe, encore subsistante par intervalles très probablement, a succédé une grêle énorme qui a à son tour ravagé le pays, avec des grêlons de 300^{gr} comme à Lignerolle ; le météore est arrivé à 9^h dans la contrée de Bienne, à 10^h à Aarau avec des grêlons de la grosseur de noisettes, à 11^h au lac de Constance, après avoir fait entendre son bruit caractéristique à Grandson, où la grêle était comme des œufs de poule.

Un des caractères les plus frappants de cette trombe, ce qui ne veut pas dire un caractère dominant, c'est l'effroyable consommation d'électricité, de tonnerre, de foudre et d'éclairs qu'elle a faite. Éclairs fulgurants presque continus, tonnerre en boule, actions électriques multiples, pluie, grêle, elle a tout employé sur la plus grande échelle. Mais, quoique les orages, la pluie et la grêle accompagnent très souvent les trombes, ce ne sont là que des phénomènes accessoires qui cèdent le pas aux actions mécaniques, et nous renverrons à la théorie des cyclones l'explication de ces faits. Disons seulement qu'en Amérique, d'après une statistique très soignée des tornados, c'est-à-dire des trombes, on compte 287 cas où l'orage, c'est-à-dire le tonnerre, a précédé le tornado, 113 où l'orage l'a accompagné, 57 après sa disparition et 8 cas seulement où le tonnerre a totalement manqué. Ces chiffres comptent seulement pour les trombes de terre; sur mer la proportion serait tout autre. La grêle toujours précède, accompagne ou suit le tornado.

La trombe de Lawrence (le 26 juillet 1891).

Voici une trombe toute différente, en ce qu'elle n'a pas présenté trace d'électricité. Elle a ravagé la ville de Lawrence (Massachusetts) le 26 juillet 1891, à 9ʰ du matin; mais elle mérite une mention particulière par la netteté avec laquelle elle a offert un type très accusé de la danse d'un tornado. Je veux parler des mouvements de descente vers le sol, succédant rapidement à des mouvements de retrait vers les nues. Pendant les premiers, ceux où le tornado se trouvait en contact avec le sol, un bruit formidable se faisait entendre, les arbres étaient arrachés ou brisés, les maisons détruites. Pendant les seconds, lorsque le tornado s'élevait dans les airs, nulle trace d'action destructive, rien ne faisait sentir les girations furieuses qui régnaient dans son intérieur. Je rapporte ici les faits constatés en traduisant simplement le récit de M. Clayton :

« Il descendit sur le sol à $\frac{1}{4}$ de *mile* (¹) au SO de Lawrence dans un verger qu'il ravagea. Puis il passa sur le terrain de Cricket-Club dont il renversa les barrières.

» Les vents destructeurs se relevèrent, mais ils se reprirent à descendre de nouveau avant de croiser un bras du Merrimac-River à l'entrée de la ville; là ils se bornèrent à étêter quelques arbres.

» Lorsque le tornado vint à croiser la rivière, les vents destructeurs descendirent jusqu'au sol. Arbres arrachés, maisons démolies. Une d'entre elles, en charpente, fut retournée sens dessus dessous. Après quoi le tornado s'éleva de nouveau dans les airs

---

(¹) Le *mile* anglais, qu'il ne faut pas confondre avec notre mille, vaut 1609ᵐ.

et passa sur une des parties les plus peuplées de la ville. On n'y remarqua pas la moindre trace de son passage, même sur les plus frêles structures.

» Un *mile* plus loin, le tornado recommença à descendre. Le premier objet attaqué a été le clocher de l'église catholique, dont la toiture fut enlevée. Immédiatement après, les vents touchèrent le sol, détruisant en partie le pont du chemin de fer, tuant deux personnes et démolissant une habitation.

» Peu après le tornado se relève : impossible d'en trouver la moindre trace sur tout l'espace suivant; mais les effets destructeurs redeviennent visibles lorsqu'il atteint la partie de la ville voisine de l'Union-Park. Là, il s'est montré dans toute sa force en passant sur la Springfield-street, en détruisant les maisons, et en tuant des habitants. Il continua ses ravages dans l'Union-Park même; il y brisa un grand nombre d'arbres et de maisons en charpente.

» Puis il se releva de nouveau après avoir parcouru une ligne de dévastation de $\frac{1}{2}$ *mile* sur une largeur de 200 à 300 toises; $\frac{1}{2}$ *mile* plus loin le tornado descendit sur le fauboug de North-Andover et y fit les mêmes ravages.

» Il se releva de nouveau. A Newburg-port le passage du tornado ne fut plus indiqué que par le mouvement reconnaissable des nuées. »

De Lawrence à Newburg-port il y a 17 *miles*. Ainsi, dans ce court espace, le tornado exécuta quatre descentes et quatre ascensions.

Phénomènes particuliers à la trombe de Lawrence.

Ces phénomènes ont frappé les esprits, à Lawrence, parce que les tornados sont rares dans la Nouvelle-Angleterre, au rebours de beaucoup d'autres États où ils sont très fréquents. Mais ils ne sont pas particuliers aux États-Unis; en France on les a remarqués plus d'une fois, témoin les tornados d'Arsonval (1822), de Monville-Malaunay (1845), de Vendôme (1871), de Moncetz (1874). Ce qui frappe surtout les témoins c'est cette particularité constante que la trombe ou le tornado, quand il s'élève, cesse totale-

ment d'agir au-dessous de lui et ne fait pas même sentir sa présence par un simple souffle.

Ces faits si fréquents montrent bien que les trombes sont descendantes et non ascendantes. Mais les météorologistes opposent
à ces faits, qu'il leur est impossible d'expliquer, d'autres faits qui
semblent établir que les trombes aspirent, vers les nues, les objets
plus ou moins lourds. Voici à ce sujet les faits observés dans le
tornado de Lawrence.

« M. Lyons, habitant d'Emmastreet que le tornado frappa
d'abord, fut enlevé de terre et projeté vers le sol (¹).

» Un cocher s'aperçut que sa voiture se soulevait et que ses
chevaux perdaient pied. Il sauta de son siège pour les tenir à la
tête et les tenir en repos jusqu'à ce que la vague de vent fût
passée.

» Deux autres hommes racontent qu'ils ont été enlevés et
portés à quelque distance. L'un d'eux fut précipité contre une
barrière. Un autre, habitant de la Springfield-street, dit que son
cheval a été enlevé et entraîné à une petite distance.

» Dans la Springfield-street, une maison en bois à un étage a
été retournée sens dessus dessous et se retrouva le toit en bas sur
ses fondations de pierre, faiblement déplacée par rapport à ces
fondations. Apparemment la maison avait été enlevée et retournée
en l'air avant de retomber.

» Des planchers, des plâtras ont été retrouvés hors des limites
de destruction dans l'Union-Park. Ils ont été probablement
enlevés en haut dans ce tonrbillon et rejetés à son sommet. »

C'est tout. Il faut convenir que les vents de giration qui sortaient obliquement avec furie en se réfléchissant sur le sol étaient
bien capables de tous ces effets; ils ont pu projeter des hommes
contre les barrières, faire perdre pied à des chevaux et même les
entraîner à de certaines distances, bouleverser une maison en
bois à un étage (²). Ils en sont bien capables quand on songe que

---

(¹) On ne dit pas qu'il ait été tué ni même blessé; par conséquent il n'aura
été projeté ni de bien loin, ni de bien haut.

(²) L'ouragan de février 1829, à la Réunion, a produit un phénomène encore
plus frappant : une goélette de 40 tonneaux, en construction à la partie E du
barachois, est brisée sur place et les débris en sont emportés au large; une autre
goélette de 20 tonneaux, en réparation, l'*Alerte*, est soulevée et lancée à 15ᵐ plus

leur vitesse peut atteindre la moitié de celle d'une balle de fusil, et il n'est pas nécessaire d'imaginer que les hommes, les chevaux et les maisons soient enlevées verticalement par un courant ascendant allant du sol au sommet de la nue.

DISCUSSION DES OBSERVATIONS.

Les trombes ou les tornados ont tous même forme, celle d'un entonnoir, très évasé par le haut, qui descend des nues la pointe en bas et se prolonge jusqu'au sol par un canal qui va se rétrécissant sans cesse. Quant à l'entonnoir, c'est-à-dire à la partie élargie, elle se perd dans la nue.

On voit, par les exemples précédents, que ces météores ont des mouvements très nets qu'il faut d'abord étudier et dont nous avons déjà donné une idée en parlant des tornados américains, qui ne diffèrent en rien de nos trombes.

Giration.

Tous tourbillonnent avec une grande vitesse qui ne passe pas d'abord par une phase d'accroissement; dès le début, ils se révèlent dans toute leur effroyable énergie. S'il est difficile souvent de reconnaître le sens de la giration des trombes de mer, rien n'est plus aisé pour les trombes de terre, par les débris persistants qu'elles laissent sur leur route. Ce sens est constamment de droite à gauche sur notre hémisphère, comme on l'a vu par le tornado de la vallée de Joux et par celui de Lawrence.

C'est là une règle générale, absolue, quelle que soit la nature du sol, quels que soient ses accidents; et c'est là une preuve manifeste que les trombes sont constamment descendantes; car comment comprendre, s'il en était autrement, que les accidents

---

loin sur le toit des bureaux du port, où elle reste en équilibre après l'avoir effondré. — Il s'agissait d'un cyclone, il est vrai, mais la rotation d'un tornado est encore plus terrible, en général, que celle d'un cyclone. (*Voir* BRIDET, *Étude sur les ouragans,* p. 32.)

du sol fussent sans influence. La trombe de la vallée de Joux opérait sur un sol qui s'élevait tantôt à 590^m à l'origine, tantôt à 390^m, plus loin à 830^m, plus loin encore à 1030^m, à 1400^m, pour finir à 650^m. Si l'air montait en tourbillonnant par suite de spires imparfaitement convergentes, en léchant le sol, n'est-il pas vrai que le sens de la giration dépendrait complètement de ces hauteurs inégales et qu'il devrait se modifier à chaque instant, tandis que, si elle reste constamment la même, c'est que le mouvement tournant descend tout formé des régions supérieures, c'est-à-dire de plus de 1400^m d'altitude. Cette giration s'opérait avec une vitesse énorme, témoin le passage de la trombe dans la forêt du Bois-de-Ban, où 120000 sapins plusieurs fois séculaires ont été brisés ou arrachés en moins d'une minute.

Translation.

Toutes les trombes, tous les tornados sont animés d'un tel mouvement. Il n'y a pas d'exception ; c'est ce qui rend incroyable la théorie qu'en ont donnée les météorologistes : car, comment expliquer que l'air appelé vers le centre de la trombe par un phénomène tout local, dans un milieu ambiant parfaitement calme, puis, de là s'élevant vers le haut en vertu d'une sorte de convection, puisse, en l'absence de toute cause de déplacement, se mettre en mouvement dans un sens ou dans l'autre en laissant derrière lui l'unique cause de son ascension? Cette impossibilité est telle que jamais les météorologistes n'ont pu en venir à bout, malgré la masse de volumes qu'ils ont écrits à ce sujet. Or la trombe de la vallée de Joux faisait 97^{km} à l'heure, et c'était aussi à peu près la vitesse de la trombe de Lawrence, aux États-Unis. Toutes les deux marchaient en ligne droite, dans un sens totalement indépendant des accidents du sol, exécutant seulement de petites oscillations sous l'action de quelques souffles inférieurs. La direction était vers le NE pour la trombe de la vallée de Joux, ou mieux l'ENE, car ces légers balancements ont empêché tout d'abord de fixer très exactement la direction moyenne.

Nous verrons plus tard que la translation n'est pas arbitraire : elle s'opère toujours dans le sens de la marche du cyclone auquel appartient le tornado, conformément à une théorie dont nous verrons plus tard l'explication.

La rapidité de ce mouvement explique celle des ravages d'une trombe. Lorsque des habitants assistent à la ruine de leur maison, ils affirment toujours que la chose s'est faite dans la durée d'un éclair, en un clin d'œil. En fait, le désastre de la forêt du Bois-de-Ban dont il a été question plus haut, s'est accompli dans la durée de quarante secondes et pourtant il s'était opéré sur un trajet de 800ᵐ.

Mon explication de cet incroyable phénomène est bien simple. Je disais aux météorologistes : Vous cherchez en bas, au sein d'un air calme, ce qui ne peut s'y trouver : la cause de cet effroyable mouvement? Eh bien! levez les yeux, et voyez quels mouvements rapides existent dans les hauteurs de l'atmosphère, à 2000ᵐ seulement, où les couches d'air se transportent à grande vitesse sans que nous en sentions rien en bas; c'est là qu'il faut chercher; c'est là, et non au ras du sol, qu'il faut placer l'origine du phénomène. Mais alors il faut renoncer aux trombes ascendantes, il faut reconnaître que les mouvements d'ensemble sont descendants.

Ascension des débris.

Les météorologistes ne pouvaient aller jusque-là. Ils n'ont pas invoqué, il est vrai, l'aspiration des masses d'eau que les trombes étaient chargées autrefois de puiser dans la mer; mais ils se sont rabattus sur l'aspiration des débris qu'elles laissent à terre sur leur passage. Ils ont dit : Comment peut-on soutenir que la puissance des trombes vienne d'en haut et réside dans les nuées lorsqu'on voit les courants d'air ascendant chasser par leur canal les débris légers ou lourds jusque dans leur embouchure?

Il est bien difficile de dire *on voit,* car les trombes, et surtout les tornados, sont opaques comme les nuées dont ils sont formés; et, en vertu de cette opacité, il est impossible de distinguer dans les trombes ce qui monte ou ce qui descend; il est même impossible d'y rien voir du tout.

Tout le monde sait bien qu'un vent fort ordinaire, très peu incliné sur le sol, chasse devant lui des torrents de poussière et d'objets légers qui s'élèvent parfois assez haut, comme des cerfs-volants, pour obscurcir le ciel. Cet effet doit être bien plus marqué lorsque les spires descendantes du tornado vont frapper le sol avec une violence dont aucun vent ne pourrait donner l'idée. L'air qui en sort, refoulant l'air ambiant, imprime à celui-ci une tendance ascensionnelle. Il résulte de là que, autour du pied de la trombe, une certaine quantité d'air s'élève tumultueusement en sens oblique, entraînant avec lui les poussières et les corps légers, même d'autres assez lourds, mais de grandes surfaces. Or le spectateur, qui voit confusément ces débris sillonner l'air de droite à gauche, en s'élevant un peu autour de la trombe, croit les voir dans la trombe même.

Ce qui prête d'ailleurs à l'illusion, c'est que la trombe rattrape, dans sa course rapide, une partie des branches, des feuilles, des plâtras, des pièces de charpente, des débris de toute espèce qui forment le buisson extérieur. Alors elle les entraîne dans ses propres girations; mais, en réalité, il est impossible de suivre de l'œil un objet tourbillonnant dans le tornado.

On cite pourtant, dans la trombe de Joux, un fait qui pourrait parler en faveur de l'aspiration exercée sur les eaux de la rivière de l'Orbe, laquelle a été suivie et traversée par le tornado. Quelques personnes se trouvaient là, sur la trajectoire, à 5o^m ou 1oo^m de distance de la rivière. Or elles ont été très fortement trempées, bien qu'il n'y eût pas de pluie dans la localité. On pourrait voir là la chute de l'eau qui aurait été pompée par la trombe dans la traversée de l'Orbe, mais il est bien plus simple de penser que la trombe n'a pas pompé l'eau de l'Orbe et l'a seulement chassée tout autour d'elle par ses girations puissantes, à la manière d'une gigantesque écope hollandaise; les voisins ont été simplement aspergés instantanément, comme ils l'ont raconté. Ce fait s'est présenté maintes fois en Amérique et n'a pas reçu d'autre explication.

Mouvement descendant.

Je suis obligé de revenir sur cette question, que j'ai effleurée à propos du tornado de Lawrence. Non seulement les trombes, au lieu d'aspirer et de monter vers les nues, en descendent au contraire, comme on l'a vu aussi dans les trombes de mer, mais encore elles exécutent souvent cette manœuvre dans le cours de leur apparition.

Lorsqu'on assiste aux débuts d'une trombe, elle apparaît comme un renflement conique pendant d'un nuage sous forme d'une sorte de sac. La pointe est en bas et la base large adhère au nuage qui la transporte avec la grande vitesse que l'on observe dans les nuages un peu élevés. On dirait que le sac est fermé à la pointe par une pierre ou un corps pesant. Plus tard, la forme conique se dessine à mesure que la trombe descend et se rapproche du sol sans faire entendre aucun son; puis la pointe touche le sol et manifeste les girations furieuses dont elle est le siège en commençant ses ravages. En même temps, se fait entendre un bruit effrayant, *sui generis,* un sifflement ou un grondement intense qui peut dominer tous les autres bruits. Mais il arrive souvent que la trombe ainsi formée se relève et quitte le sol. Alors les ravages et le bruit cessent aussitôt. La trombe continue pourtant son chemin dans les airs, silencieusement, sans dévier de la trajectoire que rien n'indique plus sur le sol, jusqu'à ce qu'elle redescende de nouveau; alors elle reprend ses ravages et ses nouveaux débris font suite aux anciens. Elle continue ces alternatives, par une sorte de danse dont on retrouve des exemples dans une multitude de trombes consciencieusement étudiées en France et aux États-Unis, jusqu'à ce qu'elle disparaisse dans la nue comme un serpent qui retire peu à peu sa queue dans son nid.

Les traces peuvent être ainsi interrompues sur des kilomètres sans qu'on remarque le moindre indice d'une action exercée sur le sol. Ces faits montrent si nettement que les trombes ne sont pas ascendantes et que leur origine réside uniquement dans la région des nuages, qu'on a cherché à plusieurs reprises à les infirmer ou à les expliquer en sens opposé. Ainsi on a dit que le tube nébuleux qui relie la trombe au sol peut manquer par suite de la disparition de la nébulosité dont il est formé, sans que pour cela la colonne d'air ascendante soit réellement interrompue.

Cela arrive parfois, lorsque les couches inférieures que la trombe traverse sont particulièrement chaudes au point que la condensation, produite ailleurs par l'air froid qui arrive par le tube, ne peut avoir lieu dans cette région. Mais alors la trombe n'est interrompue qu'en apparence, par suite de cette translucidité, et elle fait bien sentir son existence grâce aux ravages qu'elle continue à produire. Or, dans les cas où la trombe se relève effectivement on n'a jamais pu rien constater de pareil : l'interruption des effets destructeurs, même des moindres, a toujours été constatée.

Le phénomène dont il s'agit, à savoir l'état de condensation de la nébulosité qui entoure le pied d'une trombe quelconque, sauf le cas rare dont nous venons de parler, suffit à montrer que le mouvement est descendant. S'il en était autrement, je veux dire si le mouvement de l'air était ascendant, provoqué par la surélévation accidentelle de la température des couches basses, il en résulterait que l'air intérieur serait partout plus chaud que l'air extérieur. Alors la gaine nuageuse ne pourrait exister. L'existence seule de cette gaine, qui prolonge jusqu'au sol le refroidissement et la condensation de la vapeur d'eau, prouve que l'intérieur est froid comme l'air qui arrive de la nuée supérieure et non comme l'air inférieur qui est généralement chaud. Il est bien remarquable que cette démonstration se retrouve dans celle que M. Hann a donnée pour les cyclones d'hiver.

Il me semble que ces démonstrations que le mouvement des trombes et tornados est descendant et non ascendant ne laissent rien à désirer; aussi ne puis-je comprendre que certains météorologistes persistent à soutenir le contraire. Il s'agit, en effet, de faits très simples à constater *de visu,* sans possibilité d'illusion, lesquels ont été observés autrefois dans tous les pays, sous toutes les latitudes. Mais alors, si elle était admise, adieu la vieille théorie de la convection, des actions centripètes, des colonnes d'air ascendantes, etc.

Récapitulons cette discussion.

Si l'on examine les trombes ou les tornados de la nature, leurs caractères sont :

Giration.... énergique, à sens bien déterminé.
Translation. puissante, sans égard aux vents inférieurs.
Aspiration.. nulle.
Ascension... néant, l'air de la trombe est descendant par sa trompe.

Voici, au contraire, les caractéristiques des trombes d'après la doctrine des météorologistes : '

Giration .... nulle ou incertaine, au gré des accidents du sol.
Translation. nulle ou au gré des vents inférieurs.
Aspiration... énergique, en masses énormes.
Ascension... totale, couches inférieures portées en haut..

L'ancienne théorie est donc le contrepied de la vérité. Or il n'y a qu'une seule manière d'obvier à cette conclusion : c'est de placer dans les couches supérieures de l'atmosphère où se trouvent ces éléments de force ou de vitesse dont on a besoin la cause déterminante de la giration et de la translation ; seulement on retombe ainsi forcément sur ma théorie, et il faut se résigner à renoncer aux mouvements ascendants, aux courants de convection allant du sol jusqu'aux nues.

Voici le biais incroyable que l'on a imaginé pour conserver tout cela. Supposons une colonne ascendante d'air chaud rencontrant quelque part, dans les régions élevées de l'atmosphère, une giration horizontale préexistante aussi faible que l'on voudra, en même temps qu'un mouvement de translation (et c'est ce que l'on trouve aisément aux dépens d'un cyclone dans les deux théories) ; la colonne d'air prendra évidemment ce mouvement giratoire, et en même temps elle sera entraînée par le mouvement de ladite couche nuageuse. Mais n'allez pas croire que la colonne ascendante ne revête cette giration qu'après avoir traversé la couche des nuages où elle l'a rencontrée. Nullement, la giration s'y produira en même temps au-dessous, d'une manière rétrograde pour ainsi dire, et tout en se propageant vers le sol pas une particule d'air ne descendra en réalité. Autrement dit, la colonne d'air ne cessera pas d'être ascendante : elle sera simplement parcourue de haut en bas (à partir de la couche où elle a rencontré une faible giration qu'elle transmet en haut et en bas) par une giration de plus en plus rapide, mais sans transport de matière vers le bas. ·

Pour qu'on ne suppose pas que j'exagère, je traduis le passage suivant d'un des auteurs qui ont écrit à propos du tornado de Lawrence.

« La propagation vers le bas de la giration produite par le nuage dans lequel le tornado se forme est un caractère si constant de ces phénomènes qu'il a été interprété à tort par plusieurs comme une preuve que l'action centrale d'un tornado est descendante. Les faits bien connus de l'ascension d'objets pesants enlevés du sol contredisent cette opinion. D'un autre côté, l'explication de la descente apparente des girations des tornados a été depuis long-temps donnée, d'une manière élégante, il y a près d'un siècle et demi par Franklin. Il disait : « Une trombe paraît descendre d'un » nuage, quoique les matériaux qui la composent soient toujours » ascendants, parce que l'humidité se condense plus vite le long » de la droite qui va vers le bas, que les vapeurs elles-mêmes » qu'elle entraîne ne peuvent monter en spirales vers le haut. »

Ainsi le seul obstacle qui empêche l'adoption de ma théorie, c'est l'idée que les trombes et les tornados aspirent vers les nues l'eau de la mer (trombes marines) et les corps pesants (tornado de Lawrence). J'ai discuté plus haut à propos de cette trombe les faits d'aspiration des corps pesants qu'on lui attribue. Quant à l'ascension des eaux de la mer et des étangs que les trombes pomperaient jusqu'aux nues pour les alimenter d'eau douce ou d'eau salée, je me bornerai à dire qu'il y a déjà un certain temps que l'on a renoncé à cet absurde préjugé.

Mais ce que je ne comprends pas, c'est qu'en voyant les trombes descendre des nues, on assure que ce n'est là qu'une apparence et qu'au contraire elles montent vers les nues; ce fait ne peut prêter à la moindre illusion. Je ne comprends pas que l'on ferme les yeux à cette évidence des ravages que la trombe fait en tou-chant la terre, tandis que si elle continue à marcher un peu au-dessus du sol elle ne produit plus rien. La prétendue colonne ascendante est donc une idée fausse.

THÉORIE.

Ce qui caractérise les trombes et tornados, c'est le mouvement de translation rapide supérieure à la vitesse des chemins de fer. Une telle rapidité ne se trouve que dans la région élevée de l'at-mosphère.

C'est en second lieu la giration rapide engendrée dans le fleuve aérien ci-dessus et descendant la pointe en bas d'autant plus que la giration est plus forte. Cette giration dépasse, à la pointe de la trombe, tout ce qu'on peut imaginer, par exemple en vitesse linéaire la moitié de celle d'une balle de fusil.

Tous ces mouvements sont réglés d'en haut : il n'y a pas d'arbitraire ; ils ne dépendent en rien des accidents du sol, ce qui montre bien qu'ils résultent avant tout des mouvements du courant supérieur où la trombe, le tornado sont engendrés. Nous partons de cette idée, mais il faut tout d'abord examiner les analogues, c'est-à-dire les tourbillons à axe vertical des cours d'eau.

S'il s'agissait exclusivement de Mécanique rationnelle, nous serions arrêtés dès les premiers pas, car cette Mécanique n'a pas encore abordé l'étude des mouvements giratoires dans le sein des masses liquides ou fluides indéfinies. On n'a réussi jusqu'à présent à soumettre à l'analyse certains problèmes d'Hydrodynamique que dans des cas très particuliers, où il est permis de considérer les fluides comme composés d'éléments de volume contenant toujours les mêmes molécules ; de telle sorte que leurs dimensions soient invariables et que les molécules à la surface ou sur une paroi restent toujours à la surface ou à la même paroi. En outre, les trajectoires des filets liquides ou fluides ne doivent jamais présenter de ces courbes rentrantes ou spiraloïdes qu'on y remarque pourtant si fréquemment. Sort-on de ces hypothèses restrictives, les questions deviennent inabordables à l'analyse. En d'autres termes, on est forcé d'exclure absolument tout ce qui a rapport aux mouvements dont nous nous occupons.

Mais là où l'analyse est encore impuissante, l'expérience et l'observation nous restent. Les mouvements tournants se produisent également dans les liquides et les gaz. Nous commencerons par ceux-là après avoir posé une distinction essentielle entre les différents tourbillons dont on peut avoir à s'occuper.

L'air et l'eau présentent en effet des girations très complexes, les unes tumultueuses, passagères, sans figure stable, les autres parfaitement régulières et persistantes. Un caractère géométrique très simple les distingue : les secondes ont toujours leur axe vertical ; les autres tournent autour d'axes diversement inclinés. Un instant de réflexion nous rendra compte de cette différence.

Dans le cas d'une giration horizontale, les spires respectent les couches qui tendraient à se former dans l'état d'équilibre, ou ne les entament que le moins possible. Dans le premier cas, toute notion de couches disparaît, celle de la surface même n'existe plus; car, à la surface de séparation entre l'eau et l'air, les spires tourbillonnantes sortent de la masse liquide et entament ou entraînent à l'intérieur l'air placé au-dessus, de manière à produire les phénomènes vulgaires connus sous le nom d'*embrun*, de *mousse*, d'*émulsion*.

Bornons-nous donc aux mouvements tournants autour d'un axe vertical que les hydrauliciens connaissent et observent.

Voici une loi générale qui résume tous ces phénomènes. Lorsqu'il existe dans un cours d'eau des différences de vitesse entre les filets juxtaposés latéralement, il tend à se former, aux dépens de ces inégalités, un mouvement giratoire régulier autour d'un axe vertical. Les spires décrites par les molécules sont sensiblement circulaires et centrées sur l'axe. Ce sont, pour parler plus exactement, les spires d'une hélice légèrement conique et descendante, en sorte que, en suivant une molécule dans son mouvement, on la voit tourner circulairement autour de l'axe dont elle se rapproche tout en descendant avec une vitesse bien moindre que la vitesse linéaire de rotation. Évidemment, la force centrifuge qui en résulte doit être partout contrebalancée par les pressions du liquide ambiant.

On démontre par l'analyse les deux propriétés caractéristiques suivantes :

1° L'ensemble tournant peut être considéré comme séparé de la masse fluide ambiante qui reste immobile par une surface de révolution dont la courbe méridienne a sa concavité tournée vers le bas. En d'autres termes, la figure extérieure du tourbillon est en forme de cône renversé la pointe en bas.

2° La vitesse angulaire d'une molécule que l'on suit dans son mouvement s'accélère à mesure qu'elle se rapproche de l'axe; elle est inversement proportionnelle au carré de la distance à cette droite. D'après cela, la vitesse linéaire croît elle-même, mais en simple raison inverse de la distance à l'axe. Si l'on considère combien l'évasement du cône tourbillonnaire dans les cours d'eau est grand parfois relativement aux dimensions de l'orifice inférieur, on comprendra qu'une giration qui paraît lente à la surface et à la circonférence puisse devenir violente au bas de cette espèce d'entonnoir.

Ces deux lois ne s'appliquent pas aux seuls liquides, mais encore aux gaz.

Ce mouvement giratoire qui concentre ainsi vers la pointe du tourbillon la somme des forces vives que l'entonnoir comprend dans sa vaste ouverture· doit produire, sur le fond, un travail mécanique quelconque. C'est aussi ce que l'observation confirme. Les tourbillons puissants de nos rivières en affouillent le fond· qu'ils atteignent, et épuisent ainsi sur le sol la force vive qu'ils ont ramassée en haut aux dépens des inégalités de vitesse du courant général; et comme tous les cours d'eau un peu profonds présentent de pareilles inégalités entre leurs filets latéraux, à cause du frottement de l'eau contre l'obstacle des rives, on y retrouve constamment de nombreux tourbillons dont l'action consiste finalement à absorber ces inégalités et à régulariser le régime du fleuve, tout en réduisant la vitesse générale d'une manière sensible.

Tourbillons à axe vertical dans les gaz.

Tous ces phénomènes se retrouvent dans les masses gazeuses sillonnées par des courants horizontaux. Des inégalités de vitesse donneront également naissance à des mouvements tournants à axe vertical, à figure de cône renversé qui deviendront visible si quelque circonstance vient à troubler la transparence de l'air. Tout cela se retrouve dans les trombes dont on voit la pointe se rapprocher peu à peu du sol, et dans le travail d'affouillement qu'elles exercent sur le sol en brisant ou en renversant les saillies plus ou moins prononcées. Ainsi agirait une lame fixée perpendiculairement au bout d'un axe vertical tournant avec rapidité. Ce travail cesserait évidemment si l'orifice inférieur de la trombe se relevait un peu; il recommence avec énergie chaque fois que le cône tourbillonnaire vient à s'abaisser jusqu'à poser sur l'obstacle.

Ainsi, dans notre explication, tous les caractères des trombes ou tornados se retrouvent : ce sont bien des tourbillons engendrés dans des couches élevées, animés d'une translation énergique et d'un autre mouvement tourbillonnant, qui voyagent ensemble. La giration se fait jour quelque part et, de là, descend peu à peu vers le sol, et, quand elle vient à augmenter d'intensité, sa descente s'accentue en même temps qu'elle s'élargit. Si cette giration est assez forte, la trombe descend jusqu'au sol et agit sur lui avec une énergie qui dépend du rapport entre le diamètre inférieur du tourbillon et son diamètre supérieur, celui de son embouchure.

En réalité, il y a là un postulatum que rien assurément n'empêche d'admettre, car il se trouve d'accord avec la propagation des tourbillons dans le sens vertical : le postulatum de la descente, et de la descente sous forme progressivement dilatée.

Postulatum de M. Hirn.

Si l'on veut le discuter, je ne vois rien de mieux que d'en emprunter les éléments à un travail remarquable de mon illustre ami, M. Hirn, *Sur deux classes de tourbillons*, Gauthier-Villars. L'auteur y distingue, en effet, deux classes (p. 27) :

« 1° Concevons un réservoir très élevé, ouvert par le haut, fermé par le bas et rempli d'eau. Dans la partie supérieure, faisons tourner un croisillon horizontal, monté sur un axe vertical. Il est évident que le liquide compris entre les ailettes tournera aussi vite qu'elles autour de l'axe vertical. Il se constitue ainsi un tourbillon dans les régions supérieures de notre réservoir. Les couches horizontales en mouvement frotteront sur les couches en repos situées au-dessous d'elles et leur communiqueront leur mouvement de rotation. Toute la masse d'eau finira par tourner autour de l'axe du cylindre. Il va sans dire que, bien que le tourillon continue de tourner, la vitesse de rotation ira pourtant en diminuant de haut en bas, par suite des frottements du liquide contre les parois du cylindre. A l'eau, nous pourrons, dans cette expérience, substituer de l'air sans rien changer au phénomène dynamique. Mais n'y aura-t-il non plus rien de changé si nous supprimons les parois de notre cylindre, si nous faisons tourner notre croisillon dans les parties supérieures d'une masse indéfinie en étendue d'eau ou d'air? Il est facile de voir qu'en ce cas les choses se passeront tout autrement. De même que le mouvement giratoire se communique de haut en bas par le frottement des couches horizontales les unes sur les autres, de même il se communiquera latéralement. Le tourbillon, sans doute, descendra encore comme dans notre cylindre, mais en même temps il s'étalera en largeur, il affectera la forme d'un conoïde dont la base sera sur le sol et dont la partie la plus étroite se trouvera immédiatement au-dessous du croisillon. A cette base, la vitesse angulaire et absolue de l'eau ou du gaz sera nulle vers le centre; elle ira croissant jusque vers la moitié du rayon, puis elle ira en diminuant jusqu'aux bords, jusqu'à la circonférence extrême....

» Prenons enfin un autre vase cylindrique à fond plat, percé d'un orifice central circulaire de $0^m,01$ de diamètre, fermons l'orifice central et remplissons le vase d'eau. Laissons le liquide devenir bien immobile, puis débouchons l'orifice. L'écoulement va se faire régulièrement suivant une loi bien connue d'Hydrodynamique. L'orifice étant supposé à minces parois, la veine fluide en dessous du vase sera nette et diaphane et aura la forme d'un cône à génératrice curviligne; elle ressemblera sur une certaine longueur à une barre de cristal.

» 2° Mais laissons le vase fermé et donnons au liquide une vitesse angulaire d'un tour par seconde, par exemple, et, quand ce mouvement se sera un peu régularisé dans la masse, débouchons le vase. Les choses vont se passer tout autrement que dans le cas précédent. La surface du liquide ne conserve plus sa forme plane; elle s'infléchit plus ou moins vite au centre et prend la forme d'un entonnoir pointu. Cette pointe s'abaisse de plus en plus vers l'orifice, elle finit par l'atteindre et traverse même la veine inférieure; elle devient ainsi visible au dehors et au-dessous du vase. Une fois que la pointe de la trombe a atteint ainsi l'orifice, l'écoulement est complètement modifié et se trouve *réduit;* la veine fluide inférieure tourne autour de son axe et, au lieu de conserver sa forme primitive et sa belle apparence cristalline, elle se trouble, s'épanouit en tous sens et finit par être projetée au loin sous forme de gouttes.

» Il existe entre ces deux espèces de tourbillons une différence frappante et tout à fait essentielle que je dois faire ressortir. Les tourbillons de première sorte ne peuvent continuer à exister que là où existe aussi leur cause. Si un tel tourbillon prend naissance à la surface d'une grande et profonde masse d'eau, il ne peut se déplacer ou se propager du haut en bas qu'à la condition que les courants qui l'ont engendré existent eux-mêmes sur toute cette étendue.... Il en est tout autrement des tourbillons de la deuxième espèce. Dans ceux-ci le mouvement giratoire se concentre en quelque sorte vers le point de sortie, où il s'ajoute un autre mouvement dirigé suivant l'axe de rotation. Cet autre mouvement est celui qui résulte dans l'exemple précédent de l'ouverture de la bonde ou du bouchon.

» Par un ensemble de raisons qu'il est aisé de comprendre, les vitesses de l'air sont, dans certaines circonstances, d'une intensité considérable dans les hautes régions de l'atmosphère, et, si l'on admet que les courants doués d'une pareille intensité peuvent, en prenant la forme giratoire (la forme d'un tourbillon), se propager de haut en bas sans trop s'affaiblir, on arrive à rendre compte d'une manière satisfaisante de tous les effets que nous voyons, non seulement par les cyclones, mais même par les trombes.

» Je dis : *si l'on admet*.... Mais ici se présente la question du postulatum. Est-il réellement possible que la propagation d'un tourbillon se fasse ainsi de haut en bas dans une masse gazeuse en repos et bien au-dessous du courant d'air intense qui l'a engendré dans les hautes régions?

» Nous allons voir que le fait est à la rigueur admissible tel quel pour les cyclones, mais qu'il ne l'est pas du tout pour les trombes, à moins que nous ne posions une hypothèse accessoire. »

Hypothèse de M. Hirn.

« La trombe constitue un cône bien net dont la partie évasée se trouve en haut, dont la partie contractée se trouve en bas. Un tourbillon se propageant de haut en bas, par frottement des couches aériennes horizontales les unes sur les autres ne saurait affecter à terre les caractères que présente une trombe; d'un autre côté, la plupart des trombes arrivent par un temps relativement calme; ce n'est pas non plus le vent des régions inférieures qui peut contribuer à les engendrer. Et pourtant la critique de M. Faye met hors de doute que les principaux phénomènes que présentent les trombes relèvent d'un mouvement giratoire très vif de l'air. Comment donc résoudre cette espèce de contradiction dans les termes? Rien n'est plus facile, à ce qu'il me semble, rien de plus clair à concevoir. Aux tourbillons de la première espèce, à ceux qui se propagent de haut en bas par simple frottement il suffit de substituer ceux de deuxième espèce. En d'autres termes plus précis, au mouvement giratoire horizontal des plus violents qui constitue un tourbillon dans les hautes régions de l'atmosphère, il suffit d'ajouter un mouvement beaucoup plus faible dirigé de haut en bas, dans le sens de l'axe de rotation. Tout alors s'explique : le tourbillon ne se communique plus de proche en proche par frottement; il descend de toutes pièces, dans toute son intégrité, comme violence; de plus il descend nécessairement en s'amincissant, bien loin de s'éparpiller en surface. Avant d'aller plus loin, je dois préciser. Lorsque je parle d'un courant d'air dirigé de haut en bas, ce n'est en aucune façon d'une tempête verticale, ni même d'un vent vertical quelque peu fort qu'il s'agit : une vitesse minime, infiniment faible par rapport à celle du tourbillon dans le sens horizontal, suffit parfaitement pour rendre compte de tout. Ceci n'est pas une hypothèse greffée sur une autre. Si une trombe se propageait de haut en bas par le frottement des couches horizontales les unes sur les autres, on ne la *verrait* pas, car il n'y aurait entre le tourbillon supérieur et la terre que de l'air invisible en mouvement. Or ce n'est pas ainsi que le phénomène se passe. Non seulement il descend du mouvement, mais tout ce qui constitue la nue orageuse descend aussi : air saturé de vapeur d'eau invisible, eau en poussière visible, électricité.... L'existence du courant vertical est indispensable pour donner à la trombe l'ensemble du caractère qu'elle doit affecter; cette existence n'est point une hypothèse, mais un fait qu'il s'agit d'expliquer. On peut bien admettre que, quand un tourbillon violent se produit dans les régions supérieures et dans une nuée orageuse, les charges électriques se disposent autrement que dans un orage ordinaire, qu'elles se concentrent en quelque sorte et qu'il résulte de là, entre la terre et le nuage, une attraction suffisante pour faire couler celui-ci vers le sol. On peut donc attribuer aux attractions électriques le courant d'air vertical, d'ailleurs relativement très faible, pour convertir un tourbillon de la première espèce en un tourbillon de la seconde.

» En définitive, nous voyons que, par cette substitution d'une espèce de tourbillon en une autre, l'interprétation générale de M. Faye, appliquée au cas particulier des trombes, répond à toutes les exigences des faits observés.

» Le progrès accompli par M. Faye dans la Météorologie, et définitivement acquis à la Science, a consisté à ramener à une même classe un grand nombre de phénomènes naturels entre lesquels on n'avait aperçu aucun rapport, et de plus à rapporter ces phénomènes à un même ordre de causes. Ce progrès est immense. »

Hypothèse de M. Faye.

En acceptant l'explication proposée par M. Hirn pour justifier son postulatum je ferai un changement à son hypothèse. Au lieu d'admettre l'intervention très problématique de l'électricité, je préfère avoir égard à la légère augmentation de poids que subit l'air descendant de la trombe, air saturé de vapeur d'eau invisible, d'eau en poussière visible, et formant, en effet, une nébulosité sur toute l'étendue verticale de la trombe. L'air renfermé dans cette colonne amincie est, en général, aussi lourd que l'air ambiant, car il est constamment contracté suivant la pression qu'il supporte en descendant. Évidemment cette très faible augmentation de poids, dont M. Hirn n'a pas tenu compte, remplacera très bien l'attraction électrique qui devrait entraîner la trombe vers le sol, et il suffit de se reporter aux commencements d'une trombe pour s'assurer que cette cause, d'abord très faible et très souvent insuffisante, peut très bien, lorsque la trombe augmente d'activité et envoie vers le bas de l'air très chargé de vésicules aqueuses, avoir une action plus sensible et conduire jusqu'au sol une gaine nuageuse qui autrement serait restée en l'air. Les faits si frappants de la descente et de l'ascension répétées des trombes (celle de Lawrence particulièrement) montrent bien qu'une force minime, telle que celle que nous substituons à l'électricité, et dont l'intensité peut changer à chaque instant dans de très petites proportions, doit parfaitement suffire.

Vide intérieur dans la trombe.

Quand on considère les tourbillons de seconde espèce, c'est-à-dire ceux qui s'appliquent naturellement à l'explication des trombes, on est frappé de voir la force centrifuge former un entonnoir vide en haut et tendre à propager par le bas ce vide dans la veine fluide elle-même. Chose curieuse, dans les tourbillons d'eau de seconde espèce, on peut introduire un bâton dans l'entonnoir vide (mais plein d'air) et le faire osciller de manière à toucher légèrement les parois, sans altérer ceux-ci le moins du monde. Ce vide n'est pas complet : il est rempli d'air emprunté à la couche placée au-dessus du tourbillon, car l'accès de celui-ci est fermé par en bas. Dans la trombe même, il vient encore de la couche d'air placée au-dessus de la couche tourbillonnante et, par suite, cet air ne tourne pas sensiblement, mais il subit une compression qui ramène sa densité à peu près à la densité ambiante.

La seule circonstance qui permette de constater sa présence, c'est que le tube de la trombe est parfois formé de quatre lignes parallèles dans le sens de sa longueur. Les deux extrêmes de chaque côté comprennent une région, une bande moins sombre que le reste, et faisant quelquefois l'effet d'une colonne de mercure dans le tube de verre d'un thermomètre. Cet effet est visible dans les trombes peu opaques. On ne l'aperçoit pas, que je sache, dans les tornados.

Dans les trombes il y a deux milieux de densités assez différentes : l'air nuageux rempli d'humidité et d'eau vésiculaire, comme le sont généralement les nuages, et l'air supérieur relativement sec. La partie tourbillonnaire c'est le nuage ; l'entonnoir vide est la région qu'y forme la force centrifuge. Cet entonnoir n'est pas absolument vide ; il est rempli par l'air supérieur qui y est entraîné en occupant une veine de plus en plus étroite. Malgré le peu de différence de densité de la gaine nébuleuse de la trombe et de l'air sec et peu humide qui le remplit, on comprend que cette gaine tende généralement à descendre, surtout quand elle est assez longue, quand le tourbillonnement y envoie un surcroît de matériaux nuageux. Mais, si la giration vient à baisser, les matériaux envoyés par en haut seront plus rares, et la prépondérance de l'âme, formée d'air sec et d'origine plus élevée, deviendra plus marquée. Alors la trombe remontera peu à peu vers les nuages d'où elle était sortie.

Ces alternatives peuvent se reproduire à plusieurs reprises et l'observateur assiste à ce spectacle curieux d'une trombe ou d'un tornado qui s'abaisse jusqu'au sol pour y effectuer des ravages avec un bruit assourdissant, ou qui se relève et se retire au-dessus du sol pour continuer, sans dégât, sans bruit, son trajet silencieux dans le même chemin. Ce qu'il y a de curieux, c'est que la trombe se referme par en bas lorsqu'elle se relève. Ces faits ne sauraient s'expliquer dans l'hypothèse des météorologistes, celle de la convection.

Une objection se présente, c'est la chaleur développée par la condensation que subit l'air froid et sec venant des hautes régions lorsqu'il est ramené à la surface du sol. Cette augmentation de température peut aller à quelques degrés (10 ou 20 suivant que l'air vient de 1000^m ou 2000^m de hauteur). Mais on suppose dans ce petit calcul que l'air, dans son trajet descendant, ne reçoit ni ne perd aucune chaleur par voie d'échange avec le milieu ambiant. Telle serait une masse d'air enfermée dans une enveloppe parfaitement extensible, mais parfaitement imperméable à la chaleur. Ce n'est pas ici le cas. L'air sec, qui vient d'en haut du nuage par aspiration dans l'intérieur de la trombe et qui a un très faible volume, reste tout le temps de la chute en contact avec une nébulosité froide qui doit contenir en outre de l'eau vésiculaire à une basse température. Or cette colonne d'air qui devrait se réchauffer par sa descente est sans cesse refroidie par son contact prolongé avec cet air humide et froid et n'arrive au sol qu'avec la température basse qui a frappé tous ceux qui ont subi l'atteinte de l'air intérieur d'un tornado.

Nous verrons plus loin, en parlant de la région du calme dans les tempêtes, que le vaste entonnoir de ce calme joue un rôle analogue à celui des trombes avec cette différence que l'air sec, partant de beaucoup plus haut, conserve en bas une notable surélévation de température.

Foudre en boules (trombe de Joux).

Quelques habitants de la partie française disent avoir vu descendre des hauteurs de la Fraite ou du mont Champoux, au SO, un immense nuage noir sur lequel se détachaient des traits, des flammes, des *boules de feu* sillonnant l'atmosphère en tout sens, le tout accompagné d'un bruit épouvantable. Sur chacune des pointes du grillage de la cour de la mairie on vit un instant des aigrettes électriques. M. Gallin, instituteur à Longchaumais, nous dit qu'il a été aperçu, au moment du passage de la trombe, à 8^h, à la Pelaisse, des boules de feu, etc.

En Suisse aussi, on a vu des boules de feu. Deux garçons de M. Audemars entraient dans leur chambre; la fenêtre se brise et une boule de feu de la grosseur du poing, d'un rouge violacé, entre, se dirigeant lentement vers eux; ils reculent dans la cuisine; le cadet se cache sous la table, l'autre en fait le tour; la boule le suit, traverse la cuisine, trouve la porte du corridor ouverte, la franchit et disparaît sans bruit et sans trace.

Plusieurs physiciens, embarrassés d'expliquer le phénomène, ont trouvé plus commode de le nier et de l'attribuer tout bonnement à la persistance d'une impression visuelle causée par la lumière d'un trait fulgurant. Le fait est que le phénomène est fort énigmatique, mais peut-être notre théorie en fournit-elle une explication satisfaisante en profitant d'une remarque donnée par M. de Tessan. Mais avant il faut donner de plus amples détails pour bien prouver l'existence de ce fait étonnant. Voici un fait cité par Arago d'après le peintre Butti, dans sa belle Notice sur le tonnerre (*Œuvres complètes de François Arago*, 2e édition, t. I, p. 5o):

« ... 1841, à Milan, un jour d'orage, le tonnerre éclatait de temps en temps avec un bruit épouvantable.... J'entendis dans la rue plusieurs voix d'enfants et d'hommes qui criaient *guarda, guarda* (regardez), et en même temps j'entendis le bruit de souliers ferrés.... Je courus à la fenêtre et, tournant la tête du côté d'où venait le bruit, c'est-à-dire à droite, la première chose qui frappa mes yeux fut un globe de feu qui marchait au milieu de la rue et au niveau de ma fenêtre, dans une direction non pas horizontale, mais sensiblement oblique. Huit ou dix personnes du peuple continuant à crier *guarda, guarda,* les yeux fixés sur le météore, l'accompagnaient dans la rue, d'un pas que les soldats nomment le pas accéléré. Le météore passa tranquillement devant ma fenêtre.... Après un moment, craignant de le perdre de vue derrière les maisons qui sortaient de la ligne de celle dans laquelle j'étais logé, je descendis en hâte dans la rue et j'arrivai encore à temps pour le voir et me joindre aux curieux qui le suivaient. Il marchait toujours aussi lentement, mais il s'était élevé..., de manière que, après trois minutes environ de marche toujours montante, il alla heurter la croix du clocher de l'église *dei Servi* et disparut avec un bruit sourd comme celui d'un canon de 36, ouï de 25^{km} avec un vent favorable.

» Pour donner une idée de la grandeur de ce globe igné et de sa couleur, je ne puis que le comparer à la Lune, telle qu'on la voit se lever sur les Alpes, pendant les mois d'hiver et par une nuit claire..., c'est-à-dire d'un jaune rougeâtre avec quelques taches plus rouges encore. La différence est qu'on ne voyait pas des contours précis dans le météore, comme on les voit dans la Lune, mais qu'il semblait enveloppé dans une atmosphère de lumière dont on ne pouvait pas marquer la limite précise. »

Voilà une relation parfaitement nette et bien digne d'un peintre distingué. En voici une autre de M. Babinet que je suis forcé, à regret, d'abréger.

« Il s'agit d'un cas de foudre globulaire que l'Académie l'avait chargé de constater, le 2 juin 1843, et qui avait frappé une maison de la rue Saint-Jacques. Le globe avait pénétré dans la chambre d'un ouvrier, pendant son dîner, en renversant le châssis garni de papier qui fermait la cheminée. Un globe de feu gros comme la tête d'un enfant sortit tout doucement et se mit à se promener par la chambre un peu au-dessus du parquet. L'ouvrier suivit ses mouvements, mais avec défiance, sans bouger, mais retirant soit les jambes, soit le haut du corps quand il approchait. La boule semblait plutôt lumineuse qu'enflammée et l'ouvrier n'eut aucune sensation de chaleur. Au bout de quelques secondes elle sembla se décider : elle s'éleva verticalement du milieu de la chambre, s'allongea un peu et se dirigea obliquement vers un trou percé dans la cheminée, un mètre au-dessus de la tablette supérieure de cette cheminée.

« Ce trou était destiné à laisser passer le tuyau d'un poêle qui avait servi l'hiver. La boule décolla le papier et remonta dans la cheminée. Arrivée au haut, à 20^m environ au-dessus du sol, elle produisit une explosion épouvantable qui détruisit une partie du faîte de la cheminée. »

D'autrefois, ces boules descendent jusqu'au sol et éclatent en le touchant. On voit qu'elles ne ressemblent en rien aux éclairs ou à la foudre, c'est-à-dire aux étincelles électriques, mais plutôt, comme l'a fait remarquer M. de Tessan, à une bouteille de Leyde sphérique et gazeuse, chargée intérieurement et extérieurement d'électricités contraires dont le moindre choc déterminerait la recomposition subite. Leur densité doit différer peu de celle de l'air, puisqu'elles se meuvent presque indifféremment dans tous les sens. Leur marche n'est pas, comme celle de la foudre, déterminée par des attractions électriques ordinaires, car les corps conducteurs sont sans action bien marquée sur elles. Si elles durent assez longtemps et qu'elles ne rencontrent pas d'obstacles, elles se dissipent sans bruit; elles éclatent au contraire avec fracas quand elles se heurtent contre un corps solide et produisent alors quelques dégâts, non à la manière de la foudre, mais à celle d'un pétard.

Voilà une série de faits qui se rattachent aux orages aussi bien que les traits de foudre, quoique ceux-ci soient beaucoup plus fréquents. Aucun physicien n'a pu les expliquer, parce que aucun n'a saisi jusqu'ici l'intime connexion des phénomènes orageux avec les mouvements giratoires.

Or voici une autre série de faits qui se rattachent précisément aux mouvements giratoires, c'est-à-dire aux trombes. Un simple rapprochement suffira pour en faire reconnaître l'identité avec les précédents. Il arrive en effet que de la pointe des trombes dont l'extrémité ne touche pas le sol il sort des boules de feu toutes pareilles à celles que nous venons de décrire. Voyez, par exemple, dans le Catalogue de Peltier, les mentions suivantes :

BECQUEREL, t. VI, p. 178. Le 6 juillet 1824, une trombe se forma dans la plaine d'Ossonval, département du Pas-de-Calais. On vit partir de temps

à autre de son centre des globes de feu et des globes de vapeurs comme
soufrées.

Ibid. Pour une autre trombe, celle de Châtenay, 18 juin 1859, trombe
bien célèbre par ses ravages, même phénomène ; on a vu des flammes, des
boules de feu, des étincelles sortir de ce météore.

Beachey, *Voyage au détroit de Behring.* Trombe vue près de l'île de
Clermont-Tonnerre ; giration reconnue ; trois tubes sortant du même
pavillon, puis réunis, puis séparés de nouveau. Éclairs, tonnerre, boule
de feu.

Kastner, *Annales de Chimie et de Physique.* Trombes avec globes
de feu, odeur de soufre.

Les exemples de ce genre ne manquent pas ; il est donc certain
que les trombes qui descendent jusqu'à terre engendrent ces
mêmes globes de feu, à mouvements lents, que l'on remarque
dans les orages. Or, comme tous les phénomènes orageux sont
produits eux-mêmes par des trombes dont l'extrémité s'arrête
ordinairement dans les nuages et reste invisible pour nous, il y a
tout lieu de croire qu'il s'agit là d'un seul et même phénomène,
d'une formation exclusivement propre aux trombes.

Il est d'ailleurs assez facile de s'en rendre compte. Les trombes
étant de vastes conducteurs qui amènent d'en haut l'électricité et
les vésicules aqueuses refroidies, le fluide doit présenter à la pointe
une tension considérable, ainsi que cela arrive pour tous les conducteurs terminés ainsi. D'autre part, les trombes acquièrent, par
le fait même d'une giration excessive vers leur pointe, une disposition particulière. L'espèce de brouillard opaque qui les entoure
est refoulé à la périphérie ; au centre se trouvent les parties les
plus légères, c'est-à-dire l'air pur des hautes régions qui se propage par le vide central dont il a déjà été question. Du moins cette
séparation en couches d'inégales densités semble bien d'accord
avec l'action de la force centrifuge qui règne dans tout le tube.
Or, dans sa descente, l'enveloppe nuageuse se couvre d'électricité
négative empruntée à l'air inférieur, tandis qu'à l'intérieur, tant
que la trombe ne se rompt pas, subsiste la communication avec
l'électricité positive des hautes régions. Ces deux électricités contraires peuvent donc s'accumuler fortement à la pointe de la trombe
et, comme il doit s'opérer une recomposition lente à travers la
couche d'air isolant, le bout de la trombe pourra paraître faible-

ment lumineux. C'est effectivement ce qui a été observé plusieurs fois, notamment à la trombe si célèbre de Châtenay.

Mais, comme l'afflux de l'électricité positive des hautes régions ne cesse pas, sa tension, jointe au mécanisme même d'une giration extrêmement rapide, peut déterminer la séparation de la partie extrême à la pointe de la trombe, d'autant plus facilement que les spires d'une trombe se propagent l'une suivant l'autre dans les couches immobiles de l'atmosphère. Cette légère masse, une fois détachée, prend, par sa giration même, l'aspect d'une boule qui tombe lentement dans l'air inférieur, en recueille à la surface l'électricité négative et parvient ainsi au sol avec une double charge très forte. A travers son enveloppe isolante, il s'opérera une recomposition lente des deux fluides qui lui donnera l'apparence d'une boule faiblement lumineuse, comme la Lune à laquelle ces boules ont été souvent comparées. Le moindre changement de densité interne ou externe la décidera à remonter lentement; le moindre choc contre un corps dur et pénétrant déterminera une étincelle explosive. D'ailleurs elle n'aura pas de tendance bien marquée à se porter sur les corps conducteurs puisque ses deux électricités doivent se dissimuler presque exactement l'une l'autre.

Comme il se trouve autour de cette sphère si fortement chargée des particules d'eau vésiculaire, comme dans les nuages, ces particules seront subitement vaporisées par la reconstitution brusque des deux électricités contraires, et l'on aura une détonation violente avec effets mécaniques sur les objets voisins.

Souvent il arrivera qu'une boule pareille ne choque pas d'obstacles; alors la recomposition incessante des deux fluides qui s'opère à sa surface suffira à la longue pour la faire évanouir.

Les paratonnerres sont insuffisants contre ces foudres globulaires dont la marche n'est pas sensiblement influencée par les corps conducteurs voisins. Heureusement leurs effets sont bien plus limités que ceux de la foudre ordinaire et, dans la plupart des cas, il n'y a pas à s'en préoccuper. Il en est un pourtant qui mériterait attention, celui des poudrières, que l'on croit avoir complètement préservées lorsqu'on les a surmontées d'une tige métallique élevée, soigneusement reliée à une nappe d'eau sous-jacente par un bon conducteur. Il faudrait encore, pour obtenir une sécurité complète, fermer avec soin toutes les ouvertures en temps d'orage, car il reste, comme on voit, après l'installation des meilleurs paratonnerres, un autre genre de foudre qui peut tout doucement s'introduire, en s'allongeant au besoin, par des trous assez étroits, faire explosion à l'intérieur et déterminer ainsi un désastre.

Si M. Peltier, qui a recueilli toutes les mentions de boules de feu lâchées par les trombes et qui attachait une importance exagérée au rôle de l'électricité, si M. Arago qui a signalé le premier les boules de feu tombant des nuées pendant les orages, n'ont pas reconnu l'identité absolue de ces deux phénomènes, c'est qu'ils étaient l'un et l'autre bien loin de soupçonner que les orages eux-mêmes sont produits par des mouvements giratoires descendants, c'est-à-dire par de véritables trombes qui mettent passagèrement en communication les cirrus avec les nuées inférieures.

Une circonstance curieuse, c'est que cette foudre en boules nous donne la vérification expérimentale de notre interprétation du postulatum de Hirn. Voilà, en effet, une sphère pleine d'air sec venant des hautes régions par l'intermédiaire du vide du tornado, et d'air chargé de nébulosités, d'eau vésiculaire qui en forme l'enveloppe. Cette boule tombe vers le sol par un léger excès de poids, mais les réactions internes qui se produisent ont pour effet d'évaporer cette eau à laquelle il faut attribuer le faible excédent de poids de cette bulle d'air. Alors on la voit, dans ce cas, remonter vers le haut et aller se briser avec explosion contre quelque obstacle.

Précautions à prendre contre les tornados.

Nous avons vu que le moment semble être venu où les populations des États-Unis se tournent vers les météorologistes officiels et leur demandent ce qu'ils peuvent faire pour elles. La situation n'est pas sans analogie avec celles des pays ravagés par les tremblements de terre.

Dans l'un et l'autre cas, pour que la Science puisse répondre, il faut absolument qu'elle se fasse une idée exacte de l'origine et du mécanisme de ces phénomènes ; malheureusement un préjugé fatal, dont j'ai eu plus d'une occasion de constater la ténacité, domine encore les esprits aux États-Unis. On y croit que ces phénomènes tiennent directement à l'état météorologique des couches inférieures de l'atmosphère, celles où sont placés nos instruments d'observation. Dès lors on s'est attaché à étudier par les Cartes synoptiques la situation générale de l'air inférieur par rapport aux vents, à la température, à l'humidité, au point de rosée, etc., et l'on a cru remarquer qu'à l'époque des tornados ces Cartes présentent constamment une opposition très marquée entre deux moitiés du territoire. Au nord la température est basse, les vents viennent du N ou du NO et sont froids. Dans la région du sud au contraire, les vents du S ou du SE sont chauds et chargés d'humidité. C'est au conflit de ces vents qu'on attribue la formation des tourbillons de grêle et des tornados eux-mêmes.

Cette singulière opinion tient à ce que peu de personnes se font une idée nette des mouvements giratoires. Pour eux de tels mouvements ne sauraient résulter que de deux impulsions contraires et parallèles, à peu près comme ceux d'un toton dont on tient l'axe entre deux doigts et qu'on fait tourner en faisant glisser brusquement les deux doigts l'un sur l'autre en sens opposé. C'est évidemment là une erreur. Si deux vents opposés règnent sur deux régions différentes d'un grand pays, il est impossible que ces vents entrent en conflit, qu'ils se posent horizontalement, en passant l'un près de l'autre, comme l'index et le pouce. Le plus froid plongera par-dessous le plus chaud et le plus humide, et il ne saurait résulter de ce conflit, si conflit il y a, la moindre giration persistante à axe vertical. De même leur faible différence de température ne saurait engendrer les grêles qui précèdent ou suivent si souvent les tornados. Cette distribution des vents et des températures tient à la situation géographique et subsidiairement à la présence d'un grand mouvement cyclonique qui traverse le territoire. Les tornados naissent dans les spires supérieures de ce cyclone vers le bord du SO ; ils résultent de simples différences de vitesses à l'intérieur de ces spires et nullement du conflit de certains vents qui ne sauraient se rencontrer ni se frôler en sens opposés.

D'après cela les moyens de prévision des tornados doivent être bien limités. On peut bien signaler par le télégraphe les cyclones qui parcourent le pays. Nous savons que les tornados se forment dans ces cyclones, mais rien n'indique qu'un épiphénomène de ce genre va se produire ici ou là, sur telle ou telle partie du parcours. Tout ce qu'on peut faire, c'est de signaler le cyclone lui-même. C'est aux habitants ainsi prévenus, avertis d'ailleurs par leurs propres sensations et par l'aspect du ciel de la proximité d'un orage, de faire guetter le tornado dès sa formation et de prendre des mesures de précaution.

Des observateurs postés sur des lieux un peu élevés peuvent les voir de loin à 10 *miles* ou 20 *miles* de distance. Ils les signaleront donc un certain temps avant leur arrivée, pourvu qu'ils sachent bien la figure particulière que prend alors le nuage suspect et la partie de l'horizon où doit se porter le regard.

Dès lors les chefs de famille auront le temps de recourir au seul moyen efficace de protection qu'on ait trouvé jusqu'ici, celui de faire descendre leurs gens dans la cave de la maison, cave préparée d'avance, avec les outils nécessaires pour opérer le déblayement ou la sortie après la catastrophe. Le reste à la grâce de Dieu. Je ne connais qu'un moyen efficace de parer à la ruine, ce sont les assurances comme pour la foudre, la grêle ou les incendies.

J'aurais bien voulu imaginer pour les maisons généralement en bois des États-Unis un moyen de préservation quelconque. Voici du moins comment s'y prend un tornado pour les renverser. Dès la première impression, la toiture est emportée au loin. Il n'y a pas moyen de la sauver. Lorsque les girations circulaires horizontales arrivent à frapper en plein une des façades, quelques secondes après, la maison s'incline ; le mur frappé, poussé, se détache de ses fondations, au ras du sol. L'air qui se glisse violemment par ces ouvertures, si petites soient-elles, soulève les planches et allège le poids de l'édifice. Bientôt la maison chavire sur ses fondations ébranlées et déjà disjointes, comme un navire dont les ancres ne tiennent plus. Elle est transportée tout d'une pièce à quelques pouces ou à quelques yards de là ; puis, attaquée en même temps en sens divers par les girations descendantes qui se succèdent sans cesse, elle s'écroule immédiatement. C'est l'affaire de 10 ou 12 secondes, comme pour les tremblements de terre. Ses débris sont dispersés circulairement autour de l'endroit de la chute, ou projetés au loin. Il m'a semblé qu'en retardant ces effets de 10 à 12 secondes au plus la maison serait sauvée. Il faudrait pour cela renforcer les fondations en élevant tout autour de la maison un revêtement en talus jusqu'à la hauteur du rez-de-chaussée. Ce talus en pierres sèches recevrait le premier effort des spires basses du tornado, et s'opposerait un moment à leur introduction dans l'édifice si les fondations venaient à céder.

Il me reste à donner un conseil aux gens qui travaillent en rase campagne. Ils auront presque toujours le temps de se sauver à la condition de ne pas s'abriter sous un arbre. Mais jamais il ne faut fuir le tornado en lui tournant le dos, comme la famille infortunée de M. Krone, à Delphos (Kansas); on serait bientôt rattrapé. Il faut lui faire face un moment et examiner sa direction. Il n'est guère à craindre que s'il apparaît entre l'OSO. et le SSO. Si vous le voyez répondre toujours dans sa marche progressive au même point de l'horizon, c'est qu'il marche vers vous; il faut courir à droite : $\frac{1}{4}$ de *mile* franchi vous mettra hors de sa portée dangereuse. S'il dévie un peu à gauche, il faut encore courir à main droite. Mais s'il dévie un peu à droite de la direction première, il vous atteindra par le demi-cercle dangereux; en courant à droite vous tomberiez sur le centre. Il faut donc, dans ce dernier cas, fuir à gauche. C'est ce que ferait un navire à vapeur en face d'un cyclone ou d'un typhon, dont la direction aurait été déterminée.

En terminant, j'insisterai une seconde fois sur la nécessité de renoncer enfin au préjugé qui domine encore toute la Météorologie dynamique; autrement on ne sera jamais en état de concevoir et de répandre en public des notions exactes sur ces phénomènes. En Europe, où les tornados sont rares et relativement faibles, malgré de terribles exceptions, il n'y a pas grand inconvénient à nourrir ces erreurs; elles ne font que nuire au crédit de la Science. Aux États-Unis, où, par suite de la situation de ce pays, ils sont si fréquents et si terribles, cette erreur est un danger de plus.

Fausses trombes.

Prenez une boîte ouverte par le haut, remplissez-la de magnésie très fine et chauffez par le bas. Si vous donnez un mouvement de rotation très vif à cette boîte, vous verrez que la magnésie ne le suivra pas, ce qui montre que l'air intercalé entre les grains de magnésie les soutient et leur communique une grande mobilité. De même, formez avec de la poussière très fine un amas conique exposé aux rayons d'un soleil ardent. Au bout d'un instant d'insolation, la partie superficielle de cet amas aura acquis, grâce à la chaleur du soleil, une mobilité extrême. Le sable s'élèvera peu à peu en glissant vers le sommet, et s'échappera en formant là une petite colonne qui peu à peu s'élèvera en s'élargissant; les grains emportés de la sorte seront remplacés par ceux d'une autre couche qui partira à son tour, et ainsi de suite. La colonne de sable pourra s'élever assez haut, car chaque petit grain de sable constitue un foyer microscopique de chaleur dans cette colonne ascendante, et tendra à augmenter l'effet. De là les colonnes ascendantes qu'on observe dans les plaines de sable fin de certaines contrées, telles que le Mexique ou même celle de la Manche en Espagne.

Voici un autre exemple, bien plus rare, qui donne naissance à des trombes de foin.

Des personnes réunies pendant une belle journée d'été sur la terrasse d'un château avaient devant elles une vaste prairie qui avait été fauchée les jours précédents et où on laissait sécher le foin. Tout à coup les spectateurs virent en une certaine place, où le foin s'était accumulé, un mouvement vertical se dessiner et le foin se soulever en tournoyant. Bientôt le mouvement devint plus sensible; une vraie colonne de foin à moitié sec se forma en s'élevant verticalement, et se dispersa vers le haut sur la prairie, figurant ainsi une trombe de foin. Le phénomène est facile à expliquer. On sait que l'herbe nouvellement coupée et séchant sur le sol sous l'action des rayons solaires peut s'échauffer et fermenter en développant assez de chaleur pour enflammer, en des cas extrêmes, la masse de fourrage. Il suffit que cette sorte de fermentation développe assez de chaleur pour entraîner l'air ambiant et en même temps des brins de foin qui en s'entortillant les uns avec les autres forment une sorte de matière presque continue et fluide. Alors la fausse trombe se formera et s'élèvera jusqu'à une certaine hauteur en tournoyant soit dans un sens, soit dans l'autre, suivant les accidents du terrain ou la forme de l'amas. Le tout demeurera à la même place, à moins qu'un souffle d'air ne s'élève qui ne tardera pas à dissiper la fausse trombe.

On cite même des trombes de linge exposé sur le sol pour sécher, où l'on voit le linge, les mouchoirs, les chemises, etc., s'élever dans les airs en tournoyant pour retomber plus tard au loin sur le sol. Ce sont ces trombes qu'on pourrait imiter en supposant que l'on ait remplacé le sable fin, le foin à moitié desséché, le linge à sécher, par de l'air humide reposant sur un sol échauffé par les rayons du Soleil, dans un temps où l'atmosphère présenterait un certain degré d'instabilité qui donnerait plus d'ampleur au phénomène. Nous allons nous en occuper.

Pendant longtemps, je dirai même durant vingt-cinq ans, je ne me suis pas aperçu d'une méprise singulière qu'on a commise depuis Franklin. Si je l'avais connue plutôt, je l'aurais signalée et je ne doute pas que, la lumière se faisant sur cette méprise, les discussions auraient été bien abrégées. Voici le fait. Ce que l'on a pris jusqu'ici pour des trombes ou des tornados, ce sont de *fausses trombes* dont on a fait la théorie d'ailleurs parfaitement correcte. On a ensuite appliqué les mêmes idées aux cyclones, parce que tout le monde reconnaissait l'analogie qui existe entre eux, bien que les dimensions et d'autres circonstances caractéristiques soient énormément différentes.

Je vais dire ce que j'appelle *fausses trombes,* provisoirement du moins, car je ne tiens pas à perpétuer ainsi le souvenir de cette méprise. On les rencontre parfois dans la nature et elles ne méritaient guère d'avoir un nom et une théorie, car ces phénomènes sont mille fois moins importants et infiniment moins terribles que les vraies.

Ce sont de vagues colonnes verticales, en tout semblables à des colonnes de fumée qui s'élèvent au-dessus d'un feu à l'air libre par un temps de calme parfait.

Supprimez le feu, remplacez-le par une plage légèrement bombée où le sol aura été échauffé par un Soleil ardent, et mettez sur ce sol de l'air humide, du sable fin, du linge, du foin à moitié desséché, etc. Alors vous verrez parfois s'élever de ce sol, par un temps calme, une colonne de vapeurs condensées, ou de fumée, ou de sable, qui prendra peu à peu des dimensions assez majestueuses pour attirer le regard, surtout si cette colonne est régulière. Elle sera généralement mince par le bas, là où l'écoulement ascendant aura un peu de rapidité, et s'évasera vers le haut en se ralentissant et se perdant dans les airs; finalement elle aura la forme d'un cône renversé ou d'un calice dont l'ouverture sera vers le ciel en se diffusant de plus en plus. C'est là le seul rapport, bien éloigné il est vrai, avec une vraie trombe.

Si le calme persiste, la colonne restera immobile, le courant d'air chaud qui la détermine n'étant dévié d'aucun côté. Mais si une brise très légère s'élève, la colonne marchera quelque temps dans le sens de ce souffle d'air et se dissipera peu à peu.

Comme l'apport d'air humide, de fumée, de sable ou de foin est fait par de légers courants d'air centripètes qui alimentent la colonne, l'afflux de ces courants déterminera une faible giration pour peu qu'ils ne convergent pas rigoureusement au même centre, et cette giration n'aura pas un sens bien déterminé, je veux dire que la colonne tournera à droite ou à gauche suivant les accidents du terrain (¹).

Mais ces prétendues trombes n'ont aucun caractère des véritables.

1° Elles ne tournent point ou n'ont qu'une giration incertaine, tandis que les trombes ou tornados ont une giration effroyable qui détruit tout ce qu'elle touche.

2° Elles ne voyagent pas ou ne marchent que d'une manière incertaine, au gré du vent inférieur; le moindre vent les détruit, tandis que les vraies vont avec les vitesses d'un train express.

3° Elles sont ascendantes et aspirantes, tandis que les vraies descendent jusqu'au sol et n'aspirent rien.

4° La source du mouvement, c'est-à-dire la chaleur du sol, a son foyer en bas, tandis que les vraies ont leur source de mouvement, qui n'est pas la chaleur, au moins directement, à près de 2000ᵐ d'altitude et au delà.

Bref, il n'y a entre elles aucune ressemblance. Ce sont des phénomènes entièrement différents, et ces fausses trombes sont si insignifiantes qu'on ne s'est pas donné la peine de leur attribuer un nom. On s'est laissé prendre par ce fait que les fausses trombes

---

(¹) Seulement cette colonne d'air humide ne sera même pas visible, en général, sauf à une assez grande hauteur.

sont aspirantes et qu'on avait d'avance attribué faussement cette qualité aux véritables, qui ne sont pas aspirantes du tout.

Ce qu'il y a de certain, c'est que la théorie qu'on a cru pouvoir assigner aux trombes véritables ne s'applique pas à celles-ci, mais parfaitement bien à celles-là.

Fig. 4.

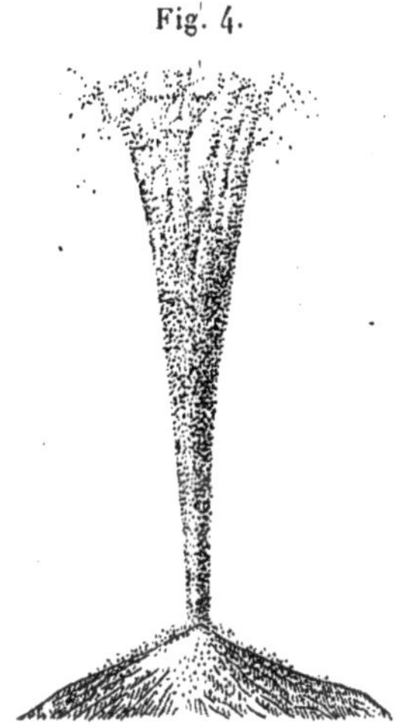

Pour préciser, voici ce que m'objectait M. Colladon dans une de nos discussions, en citant M. Raoul Pictet, dont le nom est devenu célèbre par ses belles expériences sur la condensation de l'oxygène. Il s'agissait de *trombes* observées en Égypte à l'époque où M. Pictet professait à l'École Polytechnique du Caire.

Expérience du 2 juin 1873 dans le désert de l'Abassieh, à 3^{km} au nord-est du Caire.

Temps parfaitement serein; matinée de calme absolu jusqu'à midi, brise très légère au milieu du jour; à 3^h la brise du soir commence à se faire sentir.

Dès 6^h du matin on a suspendu à un pieu, à 1^m,50 de hauteur, un thermomètre bien abrité et quatre autres thermomètres ont été enterrés aux environs à 0^m,01 de profondeur.

10^{h}5^m. La température de ces quatre thermomètres variait de 83° à 88°. On aperçoit au sommet du mamelon de sable (1) les commencements d'un mouvement giratoire.

---

(1) Ce sable était extrêmement fin et consistait en partie en ancien limon du Nil.

10^h15^m. Le mouvement s'accentue..

10^h30^m. La *trombe* se forme; elle commence à devenir opaque. Une grande feuille de papier blanc est aspirée et tournoie en décrivant trois circonférences de 3^m de diamètre en deux secondes. On voit la colonne de sable ayant la forme d'un solide de révolution à génératrice concave dans le bas et à peu près rectiligne et inclinée dans le haut. Hauteur 20^m.

10^h40^m. La feuille de papier s'aperçoit par instant à la hauteur ci-dessus. L'effet de succion dans le bas augmente sensiblement. Thermomètre à l'ombre 34°,5. Le thermomètre à maximum, introduit un instant dans le bas de la trombe, marque 51°,8. Les plumes légères répandues à quelque distance du pied de la trombe sont aspirées vers la base : on les voit gravir le mamelon et s'engouffrer dans l'intérieur du tourbillon.

11^h. La colonne est apparente jusqu'à 500^m. Il est impossible de voir nettement le sommet. La partie la plus rétrécie est à 5^m du sol et n'a que 2^m de diamètre; puis elle va en s'évasant jusqu'à une grande hauteur.

La vitesse de rotation constatée par des feuilles de papier est d'environ un tour par seconde.

11^h50^m. Une très légère brise du sud se fait sentir; la trombe se déplace et chemine lentement. M. Pictet la suit en marchant à la vitesse de 0^m,5 à 0^m,8 par seconde. Pas de signe d'électricité.

Midi. Trombe à peu près stationnaire, hauteur estimée à un millier de mètres. On aperçoit, par intervalles, les feuilles de papier qui tournoient encore dans l'air. La trombe jusqu'à 40^m est bien tranchée et complètement opaque. M. Pictet peut la traverser en se couvrant la figure avec les mains. A l'intérieur, ses vêtements tourbillonnent; la température élevée le contraint de sortir ([1]).

2^h. La trombe se meut lentement vers l'est. Elle continue à tourner avec les mêmes apparences.

3^h. Le vent de mer du soir s'élève et chasse la trombe avec assez de rapidité du côté de la chaîne du Mokatan.

3^h30^m. M. Pictet perd de vue la trombe qu'il suppose s'être anéantie en atteignant le pied de la montagne.

Voilà des trombes, disait M. Colladon, et elles ne sont pas telles que M. Faye les dépeint. (Quand on pense que l'on en est encore à considérer de ce point de vue les effroyables cyclones des Antilles!)

Mais je me bornais à répondre à M. Colladon que sa trombe ne tournait guère ou pas du tout et qu'elle ne marchait pas, si ce n'est sous l'impulsion du vent inférieur. Ce n'était donc pas une

---

([1]) Tous ceux qui ont été en contact avec l'air même d'une trombe ou d'un tornado ont toujours déclaré une impression brusque de chaud immédiatement suivie par la sensation prolongée d'un froid vif.

trombe. Aujourd'hui, j'ajoute que la description de l'expérience de M. Pictet est d'une fidélité parfaite en tant qu'elle s'adresse à une fausse trombe, et la théorie des météorologistes semble calquée sur elle, sauf en ce que le sable est remplacé par de l'air humide. Dès lors, voici la conséquence : tout ce que ces savants rapportent aux trombes et aux tornados s'applique très bien aux fausses trombes aspirantes et n'a aucun rapport avec les vraies. Toutes ces théories sont à mettre de côté, car ce qu'on doit désirer expliquer, ce sont les trombes véritables et les véritables tornados qui n'aspirent rien.

Il faut donc renoncer aussi à toute la littérature applicable aux cyclones, car celle-ci est basée sur les mêmes principes, et sur l'idée que les cyclones sont ascendants tandis qu'ils sont descendants comme les trombes et les tornados.

Tout doit donc être ramené à ce point de vue : considérer que le réservoir de la force qui fait marcher et tourner trombes ou cyclones est en haut et non en bas. Il est assez remarquable que cette idée commence à faire son chemin parmi les météorologistes. Par malheur, ceux-ci y veulent absolument joindre cette autre idée, que les trombes et les tornados sont ascendants et aspirants, comme ils l'ont toujours cru par analogie, bien que le contraire soit absolument démontré par des faits les plus palpables.

Je résume donc mon idée en ces termes : la théorie actuelle s'adapte très bien aux fausses trombes et non aux véritables. Il faut pour celles-ci partir de l'idée, que j'ai mise en avant il y a vingt-cinq ans, que les trombes, tornados et cyclones sont des phénomènes tourbillonnaires dont l'origine est à des hauteurs fort inégales dans les couches élevées de l'atmosphère, et *qui sont tous descendants,* tandis que les fausses trombes, qui ne peuvent, en aucun cas, prendre que l'allure de tourbillons imparfaits, ont leur origine au ras du sol et sont toutes ascendantes, par conséquent faiblement aspirantes. Il n'y a rien de commun entre ces deux ordres de phénomènes que l'on a si longtemps identifiés. Les uns sont terribles, les autres sont insignifiants.

DEUXIÈME PARTIE.

—

LES TEMPÊTES.

———

Il y a soixante ans que l'on sait ce que c'est qu'une tempête. On s'imaginait autrefois qu'une tempête était un phénomène tout local, né, sur place, du conflit des vents soufflant de tous les points de l'horizon. Aussi loin qu'on rencontre dans les auteurs la description d'une tempête, on retrouve cette idée. Homère raconte qu'Ulysse ayant gagné l'amitié d'Éole, le roi des vents lui remit, à son départ pour Ithaque une outre où il avait emprisonné tous ses sujets, sauf Zéphyre qui souffle de l'ouest, précisément dans la direction que ce héros devait suivre. Par malheur les compagnons d'Ulysse se figurèrent que cette outre, si soigneusement arrimée à bord, devait contenir des trésors. Ils l'ouvrirent en cachette, et aussitôt tous les vents, déchaînés à la fois, produisirent une tempête qui rejeta le vaisseau loin de sa route.

De même, dans Virgile, Éole, à la prière de Junon, déchaîna les quatre vents enfermés dans un mont divin. De même le Camoëns, quinze siècles plus tard, explique une tempête par le conflit des vents partis du septentrion et du midi, de l'orient et du couchant. De même Châteaubriand, dans son poème des *Martyrs,* fait ouvrir par Dieu le trésor des orages. « La barrière qui retenait le tourbillon est brisée et les quatre vents du ciel paraissent devant le Dominateur des mers. »

Mais les météorologistes ont considéré que le grand moteur dans l'atmosphère est la chaleur et que les seuls mouvements qu'on y puisse concevoir immédiatement sont dus à des variations locales de température, et se ramènent à l'ascension de masses d'air surchauffées par l'action directe ou indirecte des rayons solaires. Ces courants ascendants doivent donc jouer un grand rôle dans la circulation aérienne, car la raréfaction qui en résulte en tel lieu déterminé produira, dans les couches inférieures, un appel d'air plus ou moins énergique destiné à rétablir l'équilibre. De là les vents ordinaires qui, dans cet ordre d'idées, doivent souffler plus ou moins directement vers quelque centre de raréfaction. On a précisé ces notions incontestables, mais on les a beaucoup trop généralisées en disant que *tout vent a son motif devant soi*. C'était la formule des tempêtes d'aspiration à une époque où l'on était bien loin de savoir ce que c'est qu'une tempête. Mais c'était un progrès sensible sur l'idée qui attribuait toute tempête à une cause purement locale.

Ici encore nous trouvons comme initiateur le grand physicien des États-Unis, et il est curieux de voir comment des phénomènes réels, correctement mais incomplètement constatés, l'ont conduit à une idée fausse qui sert de base aux théories actuelles ([1]).

Franklin, à Philadelphie, se proposait d'observer une éclipse de Lune qui devait arriver un certain vendredi à 9^h. Un ouragan soufflant du NE survint et empêcha l'observation. Cependant les journaux apprirent à Franklin qu'à Boston, où ce même ouragan du NE avait causé des désastres, on avait eu le temps d'observer l'éclipse dans tous ses détails. La tempête avait donc commencé à Boston plus tard qu'à Philadelphie, et comme cette dernière ville est juste au SO de Boston, force était de conclure que l'ouragan s'était propagé en sens inverse de celui où le vent soufflait. D'autres renseignements ayant confirmé ce fait alors bien étrange, Franklin trouva qu'il ne pouvait y avoir qu'une seule manière de l'interpréter : c'était d'admettre que la tempête était due à une raréfaction exceptionnelle de l'air sur le golfe du Mexique, occasionnée par l'excessive température qui règne parfois dans ces parages. Dès lors l'appel de l'air avait dû se faire successivement suivant les distances, et comme Boston est plus éloigné de ce centre de raréfaction que Philadelphie, juste sur le même rayon, il était tout naturel que la tempête s'y fût prononcée plus tard et eût laissé aux astronomes de Boston le temps d'observer l'éclipse alors qu'elle était déjà impossible pour Franklin. Cette explication

---

([1]) J. LUVINI, *Sept études* (en français et en italien). Gauthier-Villars.

si naturelle fut admise universellement ; bientôt on la généralisa
beaucoup plus que ne l'avait fait Franklin lui-même et, quoique
l'on sache fort bien aujourd'hui que les tempêtes ne se propagent
pas comme cela, on continue à rapporter les tempêtes, les tornados ou les cyclones à un phénomène d'aspiration.

Il est aisé aujourd'hui d'expliquer la méprise, grâce à la connaissance plus complète que nous avons des lois du phénomène. La

Fig. 5.

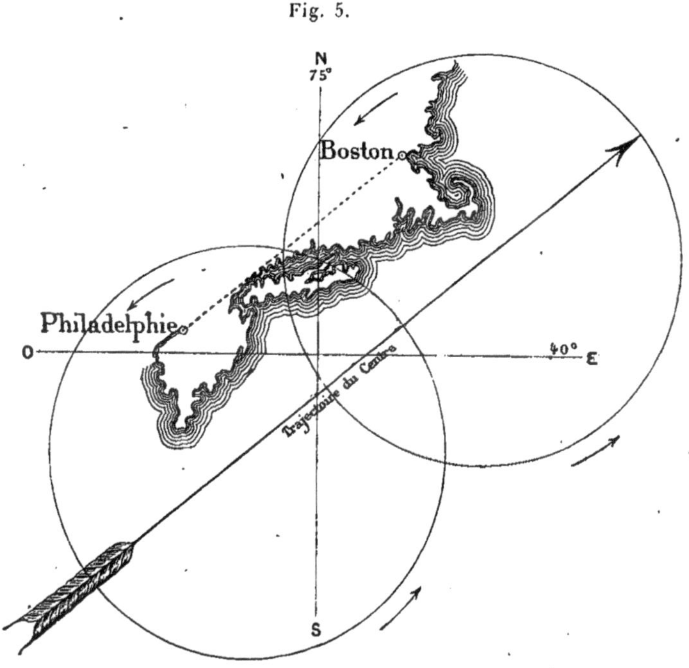

tempête en question, pour mieux dire le cyclone, avait marché,
comme le font aujourd'hui encore les cyclones dans cette région
des États-Unis, à peu près vers le NE. Puisque les vents perçus à
Philadelphie d'abord, puis à Boston, venaient au contraire du NE,
ce qui constituait les seules données de la question au temps de
Franklin, c'est que ces deux villes se trouvaient dans la région
maniable du cyclone, à gauche de la trajectoire du centre, là où
les vents circulaires soufflent effectivement en sens inverse de la
translation toujours moins rapide. Il suffit pour s'en assurer d'un

coup d'œil sur la figure ci-dessus où les deux cercles représentent le cyclone aux moments où son centre répondait d'abord à Philadelphie et ensuite à Boston.

Ainsi la méprise dont le résultat pèse encore aujourd'hui sur la Science tenait non pas à un faux raisonnement, mais à une observation incomplète. Si Franklin s'était enquis de ce qui s'était passé au loin en pleine mer, en face des deux villes, il aurait vu que le vent y soufflait du SO, dans le sens même où la tempête s'était propagée, et il n'aurait pas songé à formuler sa fameuse théorie des tempêtes d'aspiration.

Voici donc en peu de mots l'état des connaissances à ce sujet vers la fin du dernier siècle. Les trombes et les tempêtes étaient considérées comme des phénomènes dus à une raréfaction locale. Les courants et les vents dirigés en bas vers le centre de raréfaction étaient purement centripètes, sauf une légère déviation vers la droite (sur notre hémisphère) due à la rotation du globe, déviation semblable à celle que présentent les alisés en soufflant vers la raréfaction équatoriale. Tacitement et sans s'en rendre compte ils supposaient que les trombes, ou les tempêtes, et les orages restaient au lieu même où ils s'étaient formés et qu'ils disparaissaient lorsque l'afflux de l'air ambiant avait comblé la raréfaction originaire. Les noms de *bourrasque*, d'*ouragan*, de *typhon*, de *tempête* n'indiquaient que des degrés divers d'intensité dans le même genre de phénomène. On se rendait compte des désastres produits en songeant au conflit des vents rapides convergeant vers une même région.

Mettons en regard l'histoire de la première tempête venue, celle par exemple du 1er août 1887, dont les éléments sont précisément sous ma main : point de départ, en face des côtes d'Afrique, dans le voisinage des îles du cap Vert, le 13; a voyagé avec une vitesse modérée mais croissante à travers l'Atlantique à l'ONO; s'est recourbée à l'E de la Floride; a frappé avec une furieuse énergie le cap Hatteras vers le 20, a terrifié les vaillants pêcheurs du Grand Banc le 22, pour passer au NO des Iles Britanniques et rencontrer les côtes de Norvège le 29 et le 30, parcourant ainsi en 17 jours une route de plus de 11200^{km} (2800 lieues), environ 27^{km} par heure, tandis que la théorie précédente la condamnait à l'immobilité.

Nous allons indiquer en quoi consiste l'approche d'une tempête; car ces indices joueront un rôle dans la théorie de ces phénomènes (¹).

Indices généraux de l'approche d'une tempête.

Cinq ou six jours avant qu'un cyclone fasse sentir ses atteintes, des cirrus se montrent au ciel qu'ils couvrent de longues gerbes déliées d'un effet original. Ces cirrus, qui sont généralement considérés comme signes de vent dans tous les pays, ne manquent jamais de précéder l'arrivée des ouragans.

Un peu plus tard ces cirrus sont moins accentués; ils se transforment en une espèce d'atmosphère blanchâtre, laiteuse, cause de halos solaires et lunaires fréquemment observés.

Puis les cumulus se présentent, ne laissant apercevoir qu'à de rares intervalles les cirrus supérieurs, et enfin vingt-quatre ou trente-six heures avant les premières rafales une couche épaisse de cumulo-nimbus se concentre à l'horizon qui se charge de plus en plus et prend un aspect menaçant.

Bientôt quelques nimbus, bas et fuyant avec rapidité, ne laissent plus aucun doute sur la proximité de la tempête dont quelques heures vous séparent; alors il faut se hâter de prendre toutes les précautions que conseille la prudence la plus minutieuse.

Ces premiers symptômes de l'ouragan qui s'approche sont confirmés par l'état de la mer qui grossit toujours quarante-huit heures, souvent même soixante-douze heures auparavant, et dont les longues houles font pressentir la direction probable d'où doivent venir les premières rafales.... A mesure que le cyclone se rapproche, la mer devient plus grosse; plus tard elle sera terrible au milieu de l'ouragan et sera pour le navire la cause des plus grands dangers.

Les levers et les couchers de soleil fournissent un nouveau signe précurseur : les nuages se colorent en rouge orangé et cette coloration donne lieu à de ravissants spectacles. Mais, à mesure que le cyclone se rapproche, cette couleur rougeâtre prend une teinte cuivrée de sinistre augure.

(¹) *Étude sur les ouragans de l'hémisphère austral,* par M. Bridet, 3ᵉ édition, publiée par ordre du Ministre de la Marine et des Colonies.

En même temps que ces indices se dessinent de plus en plus il ne faut pas négliger (pour l'observateur qui se trouve à terre) un signe qui nous est fourni par les oiseaux de mer; tous ils rallient à grande hâte le sol où ils viennent chercher un abri contre les fureurs d'une tempête qu'ils pressentent, espérant ainsi échapper à la mort qui les frapperait sûrement au large.

Soixante-douze heures au moins avant l'arrivée d'un ouragan, le baromètre commence à baisser, très peu il est vrai, mais assez pour éveiller l'attention bien que le météore soit éloigné encore de 5oo à 6oo milles.

Une remarque assez importante, c'est que, pendant les premiers jours de cette baisse, la marée diurne du baromètre se fait néanmoins sentir de manière à marquer l'heure du maximum, mais l'oscillation est cependant moindre qu'à l'ordinaire. Ce n'est que dans les douze heures qui précèdent l'ouragan que le maximum s'efface; alors il ne peut plus rester de doute sur sa proximité.

Quant au thermomètre, il se tient souvent à une hauteur plus grande que d'ordinaire, surtout si l'ouragan est précédé d'un calme de quelques jours.

La saison pendant laquelle sévissent les ouragans dans l'hémisphère sud, de l'équateur au tropique, est généralement comprise entre les mois de décembre et avril inclusivement : il y a donc cinq mois de surveillance incessante pour les marins naviguant dans ces parages. De même pour l'hémisphère boréal, de juin à octobre.

Le grand ouragan du 10 octobre 1780, hémisphère nord.

Voici une description abrégée de la tempête du 10 octobre 1780 qu'on appelle encore le *grand ouragan*. Il parcourut toutes les Antilles et sa trajectoire a franchi l'Atlantique nord. Le diamètre de cet ouragan embrassait dès l'origine les pointes extrêmes des Iles-sous-le-Vent, la Trinidad et Antigoa. Son centre passa le 10 sur la Barbade et Sainte-Lucie qui furent complètement ravagées et où presque rien ne resta debout, ni arbres, ni maisons. A Sainte-Lucie les plus solides édifices furent renversés et 6ooo personnes restèrent écrasées sous les décombres. La flotte anglaise qui s'y trouvait au mouillage fut presque entièrement désemparée.

« Il est impossible, dit Sir G. Rodney dans un rapport officiel, de décrire l'horreur des scènes qui eurent lieu à la Barbade et la misère de ses malheureux habitants. Je n'aurais jamais cru, si je ne l'avais vu moi-même, que le vent seul pût détruire aussi complètement tant d'habitations solides. Quand le jour se fit, la contrée si fertile et si florissante ne présentait plus que le triste aspect de l'hiver. Pas une feuille ne restait aux arbres que l'ouragan avait laissés debout! »

Le cyclone se portant ensuite sur la Martinique enveloppe un convoi français de 50 bâtiments avec 5000 hommes de troupe; 6 ou 7 marins seulement échappèrent au naufrage. La plupart des bâtiments isolés qui se trouvèrent sur le passage de l'ouragan sombrèrent avec leurs équipages ([1]).

A la Martinique 9000 personnes périrent; 1000 à Saint-Pierre où 150 habitations disparurent en même temps au moment du ras de marée occasionné par le cyclone. A Fort-Royal la cathédrale, 7 églises et 140 maisons furent renversées; plus de 1500 malades et blessés furent ensevelis sous les ruines de l'hôpital. Des 600 maisons de Kingstown, dans l'île Saint-Vincent, 14 seulement restèrent debout. Dans les batteries, des canons furent déplacés par la force du vent qui en lança un à 126^m de distance. Les Français et les Anglais étaient alors en guerre; mais, dans une telle catastrophe, au milieu de tant de ruines, les haines s'apaisèrent pour faire place à un généreux sentiment d'humanité, et le marquis de Bouillé, gouverneur de la Martinique, fit mettre en liberté les marins anglais devenus ses prisonniers, à la suite du commun naufrage.

Cyclone de l'île Maurice d'avril 1892.

Ç'a été pour cette jolie colonie de Maurice une véritable dévastation. On se rappellera longtemps les désastres de cette île si gracieuse, patrie de Paul et de Virginie, où la langue française

---

([1]) Reid a expliqué ce lamentable naufrage par la circonstance, alors ignorée des marins, que la flotte française naviguait avec les amures à contre-sens.

s'est conservée, et dont les malheurs nous frappent à l'égal de ceux des colonies qui nous sont restées.

Le passage d'un cyclone à cette époque avancée de la saison (le 29 avril) était une chose si exceptionnelle que personne ne se préoccupait des pronostics qui semblaient annoncer la visite d'un de ces terribles météores. A 9 heures, c'est tout au plus s'il y avait un peu de brise. Vers 10 heures, des rafales et des grains commencèrent à gêner la circulation. Le vent augmentait cependant de violence; on s'alarma, et beaucoup de personnes se rendirent à la gare pour consulter les télégrammes envoyés par le directeur de l'observatoire. Le savant M. Meldrum disait que nous étions menacés d'une bourrasque, mais que la vitesse du vent n'excéderait pas 56 *miles* (90^{km}) à l'heure. Évidemment pour le Dr Meldrum le cyclone passait au nord-ouest sur la première branche de sa trajectoire et nous n'allions avoir qu'une répétition de la bourrasque du 12 février. Mais la baisse rapide du baromètre, la force croissante des rafales ne pouvaient manquer de faire revenir le savant météorologiste sur cette impression. Malheureusement les observations ne devaient plus avoir qu'un intérêt rétrospectif; le télégraphe, les lignes se trouvant brisées par la chute des arbres, ne fonctionnait plus et il était impossible d'envoyer aucun avertissement.

Cependant une accalmie subite et étrange se produisit de $1^h 30^m$ à $3^h 25^m$. Ce calme semblait être la fin du mauvais temps. Un certain nombre de personnes quittèrent la gare pour aller contempler le spectacle inouï offert par la mer qui, dépassant ses limites, couvrait la place d'Armes, déferlait contre l'hôtel Oriental et montait jusqu'au Gouvernement et jusqu'à la Banque commerciale.

Ce calme ne pouvait tromper les personnes au courant de la cyclonomie, qui constataient que le baromètre était descendu aussi bas que possible, 710^{mm}, et ne remontait pas.

Il était clair que c'était le centre qui passait et que l'ouragan allait recommencer et atteindre son maximum de violence. Mais la généralité de la population était rassurée et ne songeait guère à fermer les contrevents et à consolider les maisons du côté opposé à celui d'où les rafales venaient précédemment.

A $3^h 25^m$ une brise fraîche de l'OSO annonça que la seconde partie du tourbillon allait passer sur nous. Immédiatement arrivait une rafale violente, d'une force et d'une durée inouïes. C'est vers 4^h (en ville) que la tempête atteignit son paroxysme. Dans le court espace d'une demi-heure, les rues les plus belles, les mieux habitées de Port-Louis n'étaient plus qu'un amas de ruines. A 5^h la violence du vent avait sensiblement diminué; à 6^h on pouvait commencer, en prenant des précautions, à circuler dans les rues les moins entamées.

Pas une lumière n'éclairait la ville, et la Lune étant nouvelle les sauveteurs et les sinistrés auraient pu difficilement se frayer un passage à travers les décombres, si des incendies ne s'étaient déclarés dans le haut de la rue Madame, et n'avaient éclairé cette scène affreuse de leurs reflets sinistres.

Vers le matin le ciel s'était éclairci, les étoiles brillaient, et le Soleil se leva radieux pour éclairer un tableau que la plume est impuissante à décrire. Jamais à Maurice il ne s'est dressé un calvaire sur lequel aient coulé tant de sang et de larmes et d'où se soient élevées vers le ciel des prières plus désespérées.

Le cyclone qui s'est abattu sur nous se trouvait décrire sur le globe la deuxième branche de sa trajectoire venant de l'ONO et passant directement sur Port-Louis, en épargnant complètement l'île de la Réunion. La vitesse de 193^{km} par heure (60^m par seconde), vitesse de giration mesurée par l'anémomètre du Royal Alfred Observatory, a probablement été dépassée.

Si l'on veut s'élever par la pensée au-dessus de l'Océan pour suivre avec l'œil de l'esprit la trajectoire que le cyclone décrivait sur le globe terrestre, on peut se figurer une trombe immense de 400^{km} à 500^{km} de diamètre, réduite à son embouchure, ayant un vide central large de 16 à 19^{km} autour duquel tourbillonnaient les vents furieux enveloppant ce calme de leurs girations formidables. Mais ce n'est là qu'une assimilation imparfaite.

Il nous suffira de citer ces deux cyclones observés dans les deux hémisphères. Tous se comportent de la même façon. Toujours ils sont constitués par un tourbillon central touchant partout la terre par une large base ; ses girations furieuses attaquent et détruisent tout ce qui s'oppose à elles. Il est animé d'une vitesse de translation qui va en augmentant et finit par dépasser celle d'un train express.

Si nous nous reportons au commencement de ce siècle, nous y trouvons des météorologistes fort savants qui considèrent d'avance les tempêtes comme des phénomènes purement locaux, nés au ras du sol. Ils n'ont rien pu tirer de cette idée entièrement fausse si ce n'est de faire violence aux faits et de les dénaturer.

Heureusement il s'est trouvé, à la même époque, des hommes sans préjugés, sans parti pris, qui ont considéré les tempêtes à un tout autre point de vue. Les tempêtes, se sont-ils dit, sont des phénomènes qui marchent. Laissons de côté les causes que nous ne pouvons deviner et bornons-nous à étudier comment elles marchent. Peut-être trouverons-nous là les moyens de les éviter ou de nous en tirer sans trop de dommage si nous y sommes entraînés. En un mot, cherchons les moyens de préservation s'il en existe : nous aurons rendu ainsi service, sinon à la Science, du moins aux navigateurs.

En réalité ils ont suivi la véritable méthode scientifique.

Manière d'étudier les tempêtes.

Elle consiste à recueillir les faits, à les discuter sans parti pris, sans opinion préconçue.

Une tempête a sévi plusieurs jours de suite sur une mer fréquentée par de nombreux navires. On recueille un à un les livres de bord de tous les navires assaillis et l'on en fait le dépouillement; puis, sur une Carte marine à grande échelle, on inscrit, à une date et à une heure données, la position de chaque navire en marquant par une flèche la direction du vent qu'il a éprouvé. On a ainsi, à cette date et à cette heure, une véritable esquisse de la tempête. Ce travail se répète pour les jours suivants à la même heure, à l'aide des registres de bord. Il fournit donc la marche de la tempête à des intervalles réguliers sur toute l'étendue qu'elle a frappée. La Carte offre un tableau saisissant. Il ne reste plus qu'à la lire, pour ainsi dire, en suivant le phénomène pas à pas. Je

Fig. 6.

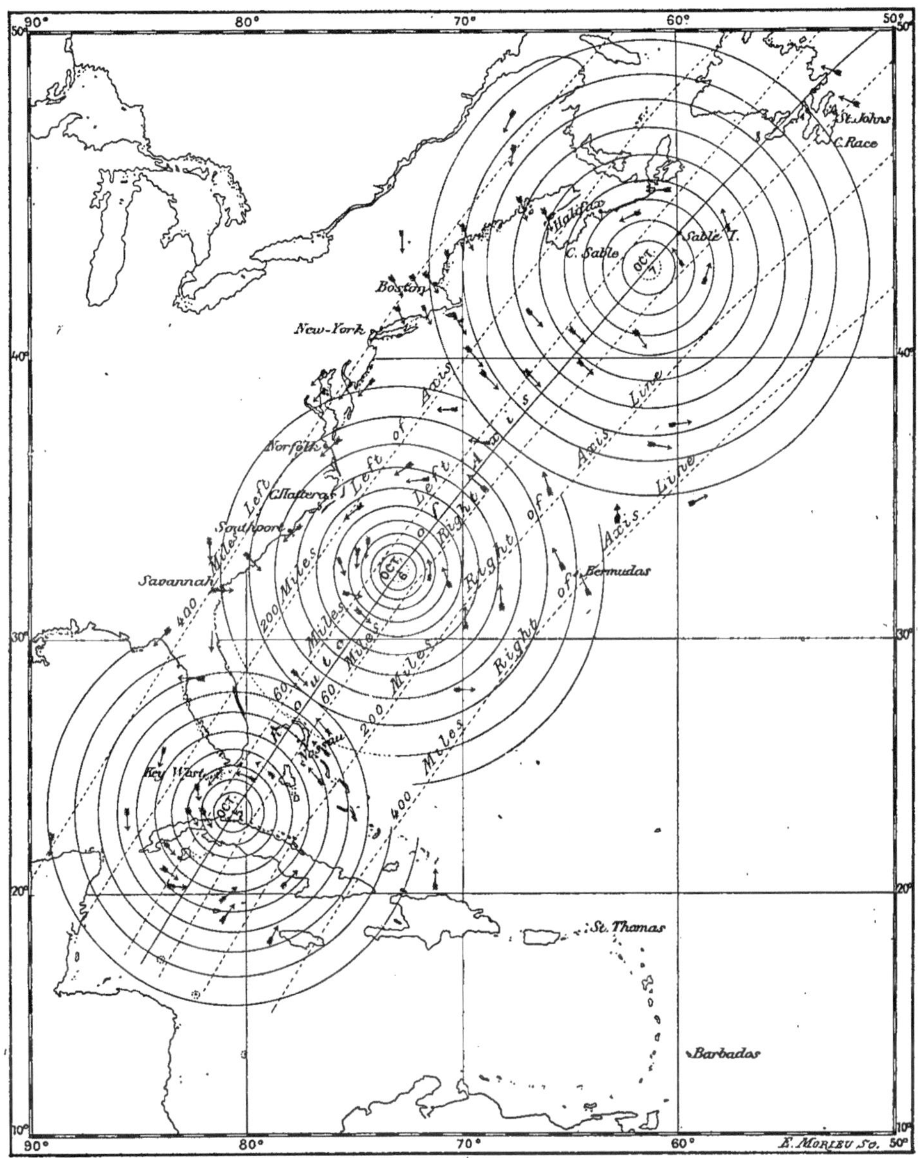

mets sous les yeux du lecteur un échantillon de l'énorme Carte
synoptique dressée par Redfield pour le cyclone du 7 octobre 1844.

Eh bien, voici ce qu'on trouve. D'abord l'ensemble des flèches du vent, au même instant, montre que la tempête n'est rien de plus qu'un vaste mouvement giratoire de l'air autour d'un centre. Pour s'en assurer, on applique sur la Carte une feuille de papier transparent sur lequel on a tracé à l'encre des cercles de différents rayons autour d'un même centre. Avec un petit tâtonnement toutes les flèches contemporaines, c'est-à-dire de même date, viennent se placer à très peu près sur les diverses circonférences. On discerne de plus que la vitesse du vent est d'autant plus grande que ces circonférences sont plus rapprochées du centre.

Ce mouvement giratoire est le même à toutes les dates successives. Tout au plus remarque-t-on que le cyclone va en s'élargissant et en accélérant son mouvement de translation. On détermine ainsi jour pour jour une série de points qu'il suffit d'unir ensuite par un trait continu pour avoir la trajectoire du centre de la tempête. Ainsi une tempête est un grand tourbillon tournant autour d'un centre qui lui-même décrit une vaste trajectoire.

Ce n'est pas du tout le résultat de vents soufflant de tous les points de l'horizon vers une même région immobile. De là le nom de *cyclones* que Piddington a donné aux tempêtes : ce nom a prévalu.

Une fois ce caractère reconnu, les auteurs en déduisirent les règles de manœuvre qu'un marin devait suivre dans une tempête, entre autres celle-ci, la plus importante de toutes puisqu'elle sert à déterminer la position qu'il occupe par rapport au centre : tournez la face au vent et étendez le bras droit; le centre se trouve dans la direction de ce bras (hémisphère boréal). C'est la fameuse règle des huit points (¹) de Piddington, autrement dit la règle de Buÿs-Ballot.

On a fait ce travail sur les tempêtes de l'Atlantique, sur celles de la mer des Indes, dans l'hémisphère austral, et sur les typhons de l'Indo-Chine et du Japon. Partout on a retrouvé les mêmes

---

(¹) Chaque point, en termes de marine, vaut $\frac{1}{32}$ de la circonférence, ou 11° 15'; huit points font donc 90° ou un angle droit. Cette règle suppose que les vents sont circulaires.

faits. Les auteurs sont : Redfield, de New-York, le colonel de l'armée anglaise Reid, et le juge Piddington, du Bengale. Ces lois les voici :

LOIS DES TEMPÊTES.

I.

Une tempête est un vaste tourbillon à axe vertical dont le mouvement de giration va en croissant vers le centre, et s'étend sur le sol jusqu'à une certaine distance.

II.

Le sens de la giration a lieu de droite à gauche sur notre hémisphère et de gauche à droite sur l'hémisphère austral.

III.

Une tempête marche, tout en tournant, sur une immense trajectoire parfaitement définie, vers l'ONO près de l'équateur, puis vers le NO et le N avec une vitesse croissante ; enfin au NNE et le NE sur la seconde branche de sa trajectoire. Sa marche est indépendante des vents inférieurs et des obstacles du sol.

Sur l'autre hémisphère les trajectoires décrites par les cyclones sont symétriques des nôtres par rapport à l'équateur.

Longtemps après une quatrième loi a été ajoutée aux trois précédentes par les marins eux-mêmes qui ont fini par reconnaître les services que pouvait rendre le baromètre, surtout dans les régions tropicales.

IV.

Le baromètre baisse invariablement du bord au centre du tourbillon. Il se relève ensuite après le passage du centre, autrement dit du calme central.

J'y ai moi-même ajouté une dernière loi qui complète les précédentes et les explique :

Ces mouvements giratoires sont descendants. Ils ne naissent pas en bas comme le croient les météorologistes, mais en haut dans les courants supérieurs dont l'existence nons est révélée par la marche des cirrus. Ils descendent continuellement jusqu'à ce que le sol ou la surface des eaux les arrêtent, et alors ils dépensent sur cet obstacle la force vive qu'ils ont emmagasinée en haut et qu'ils transportent en bas.

D'après ces lois le navigateur est conduit à reconnaître deux régions principales dans la marche d'un cyclone : 1° la *région dangereuse,* où la vitesse du vent est la somme des vitesses de rotation et de translation ; c'est la région de droite en appliquant ici les noms par lesquels on désigne ces régions dans le cours d'un fleuve : 2° la *région maniable,* où la vitesse du vent n'en est que la différence. Comment doit-on manœuvrer pour éviter l'ouragan ou pour se dégager si l'on a le malheur d'être atteint.

Navigation.

A ces questions les lois précédentes nous fournissent des réponses : les unes nettes, impératives, comme les exigences du danger ; les autres plus élastiques, laissant au tact, à l'habileté du chef une certaine part.

Par une baisse continue et prolongée, le baromètre, qui ne trompe jamais entre les tropiques, annonce qu'un cyclone se trouve au loin. Dès que le vent souffle avec une certaine force, il est aisé, en général, de déterminer la direction où se trouve le centre du cyclone par la règle de Piddington. Mais cette règle n'est pleinement applicable qu'à partir du moment où l'on voit de petits nuages bas (*scuds*) courir avec la tempête dont ils indiquent le vrai commencement. Bientôt le vent augmente, la baisse du baromètre devient plus rapide, le centre se rapproche parce que le cyclone marche. Si le vent continue à augmenter sans changer de direction, vous êtes sur le chemin même du centre et vous ne tarderez pas à être au cœur de la tempête. Puis, tout à coup, le calme se fera : au centre du cyclone se trouve un vaste espace circulaire où règne un calme relatif qui semble presque absolu. Là le ciel redevient serein, on se croit sauvé ; mais cet espace est bientôt franchi et aussitôt la tempête recommence. C'est alors l'arrière du cyclone qui passe. Seulement le vent a sauté subitement de 180° ; il souffle maintenant dans la direction opposée à son aire première, perpendiculairement à la trajectoire du centre du cyclone.

La situation que nous venons de supposer est un cas très particulier; en général le navire se trouvera à droite ou à gauche de cette trajectoire. L'alternative est loin d'être indifférente; c'est une question de vie ou de mort, car l'une répond au demi-cercle maniable, l'autre au demi-cercle dangereux : celle où la vitesse de translation s'ajoute à la vitesse de gyration. Voici la règle de Reid qui fait cesser toute incertitude :

« Quel que soit l'hémisphère, si le vent change successivement de direction en tournant sur la rose des vents dans le même sens que le cyclone lui-même, on est dans le demi-cercle maniable. Si le vent change en tournant dans le sens opposé à celui de la rotation propre du cyclone, on est dans le demi-cercle dangereux. »

On s'en rendra compte en examinant la figure suivante, où l'ob-

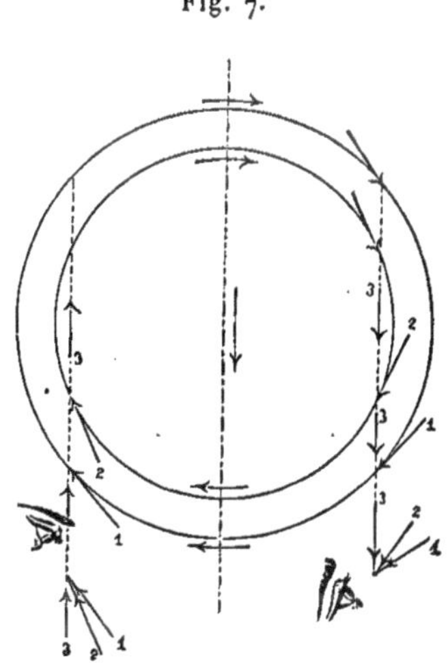

Fig. 7.

serveur, supposé immobile, a la face tournée vers la série des vents qui viendront le frapper, à mesure que le cyclone passera sur lui (¹).

(¹) Cette loi si simple, qui renferme les principales prescriptions de la Science

Dans le demi-cercle maniable (hémisphère austral) (¹) si le
navire se comporte bien par une grosse mer, il est possible de fuir
le centre et le cyclone lui-même grand largue ou vent arrière, par
la voie la plus courte, perpendiculairement à la trajectoire. La
tempête est toujours redoutable, mais elle est maniable. Si cependant la violence du vent, l'état de la mer et la faiblesse du navire
forçaient de cesser la fuite, il ne faudrait pas hésiter à virer de
bord et à mettre à la cape tribord amures (le vent par le côté
droit). Le navire semble se diriger alors vers le centre de l'ouragan, mais il ne fait pas de route; il évite ainsi d'être masqué par
le vent et n'a plus à craindre les coups de mer par l'arrière,
conséquence inévitable des amures à babord. Bientôt l'ouragan
s'éloigne par son mouvement de translation, le beau temps revient
et permet ainsi de faire de la toile.

Dans le demi-cercle dangereux, si l'on n'est pas forcé de mettre
à la cape, ce qui serait d'ordinaire le parti le plus prudent, il faut,
pour s'éloigner du centre, faire autant de toile que possible, au
plus près, babord amures (en recevant le vent par le côté gauche).

Il est facile de se convaincre, dit M. Bridet, que si le vent oblige
de mettre à la cape, les amures de babord doivent être conservées.
La manière dont se succèdent les variations du vent dans ce demi-
cercle, à mesure que le vent poursuit sa course, fait voir que pour
un navire babord amures, le vent, quelque brusques que soient
ses variations, ira toujours en *adonnant;* le navire présentera
donc toujours l'avant à la lame et pourra, chose importante, gou-
verner dans tous les cas pour la mer, qui, ne suivant pas le vent
dans ses variations subites, continue quelque temps à régner suivant la direction du vent précédent; les coups de mer venant

---

cyclonomique, pourrait être gravée dans la mémoire des marins par les vers suivants :

> Conserve toujours même amure
> Si le vent adonne en tournant,
> Mais s'il venait par aventure
> A refuser subitement,
>
> N'hésite pas, vire de bord!

(¹) Dans l'autre hémisphère, il faut changer tribord en babord et réciproquement. M. Bridet, que nous allons citer, *Études sur les ouragans de l'hémisphère austral,* écrivait pour l'hémisphère austral.

toujours frapper le navire par l'avant seront pour celui-ci moins dangereux.

Certes, avec de telles amures au plus près, et plus tard à la cape, on ne fait pas beaucoup de chemin pour s'éloigner du danger; mais les autres routes font courir au-devant du centre qu'il faut éviter.

Cette obligation de ne faire route qu'au plus près, c'est-à-dire d'adopter précisément la manœuvre qui ne permet au navire qu'une vitesse très limitée au début et nulle dès qu'il est à la cape, est la raison principale qui a fait donner à ce demi-cercle de l'ouragan le nom de *dangereux*.

Si le navire placé dans cette position prenait tribord amures (¹), non seulement il mettrait le cap sur le centre de l'ouragan, mais encore il verrait le vent lui refuser de plus en plus, le masquer peut-être dans une de ses variations subites, et, le faisant culer contre une mer horrible, l'exposer à être englouti par l'arrière; ou bien encore, s'il échappait à ce danger terrible par une grande abattée, il serait exposé à être démoli par des lames effrayantes qui le frapperaient à coups redoublés par l'arrière du travers.

C'est là pourtant la cause des désastres maritimes. Le navire, dévoré par la mer de l'arrière qui enlève ou menace d'enlever le gouvernail, ne voit plus de salut que dans une fuite aussi prompte que possible; il va se jeter alors tête baissée au centre de l'ouragan, pour échapper à un danger qui ne provient que des amures sous lesquelles on l'a placé par erreur au début de l'ouragan.

Il faut surtout prémunir les capitaines qui sont dans le demi-cercle dangereux contre l'adoption de cette manœuvre (fuite vent arrière) lorsqu'ils sont parvenus à la plus courte distance du centre et que le vent souffle par conséquent avec la plus grande fureur.

(¹) Le malheur rappellerait l'immense désastre que Piddington cite dans son *Sailor's Hornbook*. La flotte et les prises de l'amiral Rodney, avec un grand convoi de navires marchands, ayant rencontré, en 1782, un cyclone au large du Grand-Banc, tous les préparatifs, pour lutter contre les mauvais temps, avaient été pris et les vaisseaux avaient été mis sous la même amure, mais malheureusement c'était la fausse. Il en est résulté que les frégates, les prises et les navires du convoi, en somme 92 vaisseaux, furent démâtés, engloutis et abandonnés; tous les vaisseaux de ligne, sauf un, et 3000 marins furent perdus. Quelle leçon pour la postérité! (*West Indian Hurricanes,* de M. Everett Hayden). *Voir* aussi la note de la page 69.

Le navire est alors fatalement entraîné par le cyclone; il tourne autour du centre avec d'autant plus de vitesse que le navire en est plus rapproché. C'est ainsi qu'on arrive à supposer, si l'on a le bonheur de s'en tirer, qu'on a éprouvé un ouragan où le vent a fait plusieurs fois le tour du compas.

Intervention des météorologistes.

On voit de quelle importance sont ces règles qui ne sont que l'application des lois des tempêtes, *the stormlaws,* sainement interprétées dans toutes les mers du globe, dans l'Atlantique, la mer des Indes, celle de la Chine et du Japon, celles de l'hémisphère austral. Mais les météorologistes, qui n'avaient contribué en rien à la découverte de ces trois lois, se sont crus en droit d'intervenir au nom de leur théorie, celle de l'aspiration. Il s'agit en effet de mouvements centripètes, disaient-ils, puisque dans toute tempête le baromètre baisse de plus en plus jusqu'au centre. Là est donc le *motif* du vent. C'est vers ce centre et non autour du centre qu'il doit se mouvoir. Il est donc impossible que vos tempêtes soient circulaires. Vous devez vous être trompés. Les auteurs des lois s'émurent de ces reproches qui leur étaient adressés au nom de la Science. Ils ne purent que répondre humblement : « Nous ne cherchons pas comment les tempêtes se produisent, mais comment elles marchent. »

M. Espy, l'auteur de cette singulière croisade, aux États-Unis, a couru l'Europe pour y propager sa doctrine. Il a été merveilleusement reçu en France en 1845, où il s'est adressé à l'Académie pour obtenir un rapport sur ses idées. Il a réussi auprès d'un physicien du plus haut mérite, d'ailleurs étranger à ces questions, qui a eu la faiblesse de faire un rapport très favorable dont je vais tâcher de donner quelque idée.

« Les circonstances favorables à la production subite d'un tornado ou d'une tempête sont, suivant M. Espy, un air chaud et humide recouvrant une contrée suffisamment plane et étendue, assez tranquille pour que le mouvement ascendant de la partie la moins dense puisse se produire à une grande hauteur.

» Pour comprendre encore mieux ces effets, considérons une

masse d'air chaud s'élevant au sein d'une atmosphère plus froide. L'expansion que subit cet air en s'élevant produira bientôt un refroidissement qui arrêtera la colonne ascendante. Mais, si l'air chaud est en même temps humide, la chaleur fournie par la vapeur qui se précipite rendra l'air constamment plus chaud qu'il n'eût été nécessaire pour atteindre la même température et la même pression que l'air ambiant. Il sera donc constamment plus léger et la force ascensionnelle continuera....

» Il me reste à dire un mot du déplacement du météore. Ce déplacement pourrait dépendre d'un vent ordinaire qui, produisant un mouvement commun à toute l'atmosphère, ne troublerait pas l'ascension de la colonne d'air humide. Mais, comme ces phénomènes naissent subitement au milieu d'un grand calme, M. Espy pense que, conformément aux faits observés, on doit attribuer le mouvement de translation du météore aux vents qui règnent dans la partie supérieure de l'atmosphère.

» En résumé, pour la météorologie et le pilotage, elle nous donne des explications nouvelles et redresse plusieurs erreurs accréditées (par exemple l'idée du mouvement giratoire dans les tornados et les tempêtes).

» La Commission émet donc le vœu que M. Espy soit mis par le gouvernement des États-Unis en position de poursuivre ses importants travaux. »

Les conclusions de ce Rapport furent adoptées. Effectivement, le Sénat des États-Unis a singulièrement aidé M. Espy à propager sa théorie. Les marins eux-mêmes, imbus de longue date de l'idée de l'aspiration et des mouvements centripètes dans les trombes et les tempêtes, ont fini par accommoder les faits à cette étrange doctrine. Écoutons notre savant ingénieur hydrographe Keller dont le petit *Traité sur les ouragans* a eu tant d'autorité. Il nous dit que dans les régions intertropicales, où les cyclones prennent naissance, les couches atmosphériques situées sous le Soleil se dilatent et aspirent en s'élevant l'air inférieur de la zone dilatée; que si l'apiration ordinaire due à l'action calorifique du Soleil est encore favorisée par une attraction électrique, l'air affluant se précipitera avec plus de force dans le vide inférieur, etc.... Dans ce vide il fait monter l'eau de la mer soulevée par l'aspiration centrale d'un typhon ou d'une trombe. Quand la colonne giratoire passe près d'une terre, elle projette sur le rivage l'intumescence produite par l'aspiration, et la mer inonde subitement les côtes basses jusqu'à une grande distance dans l'intérieur des terres.

De son côté M. Bridet, dont le livre jouit d'une si juste réputation, et qui soutient le mouvement circulaire dans les cyclones, affirme qu'il se forme, sous l'action du Soleil, une espèce de vide résultant de l'ascension rapide des masses d'air échauffées. Ce vide se trouve comblé rapidement par les courants d'air inférieurs qui affluent dans toutes les directions. Ces courants, en rasant le sol animé de la rotation diurne, y contractent un mouvement giratoire; parvenu au pied de la colonne ascendante, au centre de la raréfaction, l'air amené par ces courants s'échauffe et se dilate à son tour; il suit le mouvement ascensionnel des matières qu'il est venu remplacer et s'élève en conservant son mouvement rotatoire.

On pourrait multiplier à l'infini ces citations qui montrent l'universelle disposition des esprits à se méprendre sur le phénomène dont nous nous occupons et à considérer les *fausses trombes* pour les véritables. Rien n'a pu les éclairer, pas même l'impossibilité d'expliquer le mouvement de translation rapide dont ils sont animés tous sans exception.

Mais continuons l'histoire de ces conceptions étranges.

Pendant que les météorologistes s'accordaient à prendre les fausses trombes pour les vraies, les marins, frappés du service que les auteurs des lois des tempêtes avaient rendu à la navigation (ou au pilotage comme disait M. Espy), avaient conservé une ferme confiance dans ces lois, du moins lorsqu'ils laissaient de côté les idées théoriques dont nous venons de voir la valeur. Ils admettaient tous les girations circulaires dans les tempêtes et le mouvement de translation qui faisait parcourir à ces mêmes tempêtes des milliers de lieues. D'autre part les météorologistes ne pouvaient pas se dégager entièrement des scrupules que faisait naître cette opposition flagrante entre la théorie et les faits. On désirait donc modifier ce qu'il y avait de trop absolu dans les idées d'Espy qui rejetait les girations et ne voulait que des mouvements centripètes dirigés, soit vers un centre unique, soit vers une ligne de centres étagés en ligne droite. De fait il y avait, dans la pratique, une opposition absolue entre la règle de Piddington et ce qu'Espy pouvait tenter d'analogue.

A la règle des 8 points de Piddington, Espy ne pouvait substituer qu'une règle de 16 points; c'est-à-dire supposer que le centre était toujours du côté opposé au sens du mouvement centripète. Mais, à la mort d'Espy, on s'aperçut qu'il y aurait une concession à faire qui ne s'écarterait pas autant de la règle acceptée. On considéra que le mouvement centripète ne pouvait se faire en ligne droite, car tout courant doit s'infléchir sur la droite de l'observateur, faisant face au vent, par suite de la rotation de la Terre. Or cet angle de déviation étant constant pour la même latitude, la courbe décrite devait être une spirale logarithmique. L'idée fut acceptée et l'on modifia en conséquence sur ce point, mais sur ce point seulement, les idées de M. Espy. On considéra donc, au lieu du mouvement circulaire parfait, le mouvement en spirale se rapprochant rapidement du centre, en un quart de tour par exemple. Les éléments des spirales correspondantes aux divers degrés de latitude ont été calculés par Loomis qui a trouvé :

Pour l'inclinaison des vents sur les cercles de Redfield.

	Latitudes.	Inclinaisons.
Régions arctiques..................	70.56	28.35
Océan Atlantique.................	56.15	30. 6
États-Unis........................	45. 0	40. 3
Indes et Golfe de Bengale........	20.48	57.12
Iles Philippines..................	14.35	62.12

Prenons les éléments relatifs aux Philippines par exemple, limite des cyclones tropicaux du côté de l'équateur (*fig.* 8). *at* est le cercle parcouru par la tempête dans le sens *ta*, en tournant autour du centre *c*. D'après la règle de Piddington, pour avoir la direction du centre *c*, il faut se placer en *a*, la face tournée vers *t* et étendre le bras droit, ce qui donne la direction *ac*, ou bien compter à partir de la direction du vent *ta* un angle *tac* de 90° = 8 points. Pour avoir le centre *c* dans l'hypothèse des courants centripètes déviés, l'angle de déviation étant de 62° = *bat*, il faut faire face au vent en *a*, c'est-à-dire tourner la face vers *b*, et alors on aurait ac' pour la direction du centre par la règle de Piddington ; pour avoir la direction du vrai centre c, il faudrait ajouter $c'ac$, c'est-à-dire 62°, on aurait ainsi 13 points au lieu de 8. Aux États-Unis, où la déviation est de 40°, il faudrait ajouter 90° et 40°, c'est-à-dire un peu moins de 12 points.

Fig. 8.

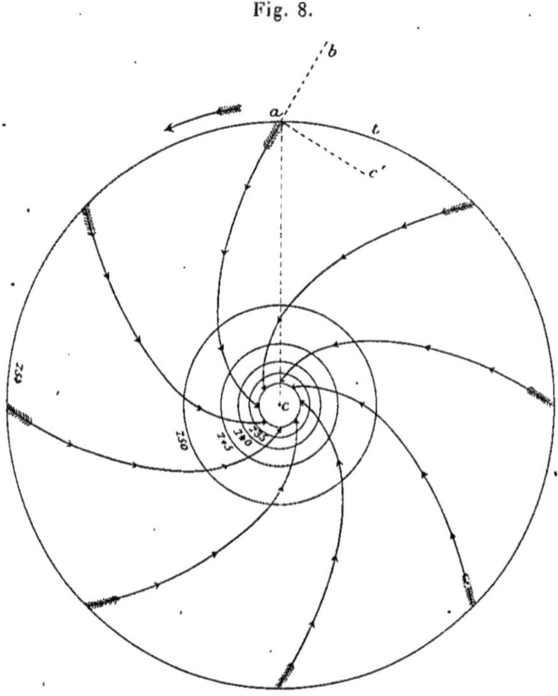

Mais la figure ci-dessus, relative aux vents centripètes déviés, est beaucoup trop simple. Elle indique dans la tempête une symétrie parfaite autour du centre qui est loin d'exister selon les météorologistes. Prenez la figure de M. Meldrum (*fig.* 9) et essayez d'appliquer en différentes régions la règle des 8 points ; vous trouverez les résultats les plus divers, tous conduisant aux déterminations les plus dangereuses. Il y a plus : quand un navire marche vers le centre, il serait impossible qu'il rencontrât sur tout son parcours des vents diamétralement opposés.

Cette figure d'une tempête (austral) de M. Meldrum est la démonstration la plus frappante d'une absurdité qui saute aux yeux. Les vents, au lieu de tourner autour du centre, vont rencontrer la région du calme de plusieurs lieues de diamètre, dont il va être question, sous des angles très ouverts. Or cela est impossible, car pourquoi ces vents seraient-ils ainsi arrêtés net, et, s'ils ne sont pas arrêtés, comment le calme pourrait-il subsister? Le calme d'une tempête indique clairement que les vents décrivent

Fig. 9.

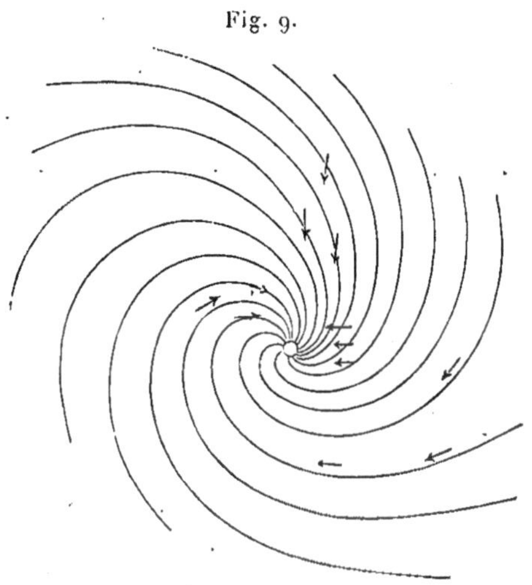

des cercles parfaits autour de la tempête au lieu de décrire des lignes plus ou moins centripètes.

Voici, en dernier, la pensée fort sage d'un homme de la plus haute compétence, M. Everest Hayden, l'un des rédacteurs de la *Pilot Chart of the North Atlantic Ocean.*

« L'importance pour les navigateurs d'avoir une vraie idée de la loi des tempêtes, non une série de règles mais une intelligente compréhension du sujet, est maintenant évidente pour le lecteur. De toute façon c'est l'objet que j'ai visé, plutôt que d'avoir une discussion de principe et une abstruse discussion d'isobares et de gradients.

» C'est qu'en effet, en tant qu'il s'agit de la direction probable du centre, obtenue par la direction du vent dans une seule station, c'est là la grande question pour le marin. Il y a des hommes qui ont besoin d'une règle ferme et nette (*hard and fast*), une règle des 8 points, des 10 points, ou même des 12 points; mais une règle, pour agir sans longue réflexion, immédiatement, pendant que chaque nerf est tendu vers le salut du navire, de son équipage, de ses machines et de la cargaison menacée de dommage et de destruction. Dans ces circonstances, je pense que le meilleur parti c'est de s'en tenir à la vieille règle des 8 points, en l'appliquant aux *petits nuages bas plutôt qu'au vent lui-même.* »

Je dis qu'il faut s'en tenir à la règle des 8 points, sans restriction, puisque j'ai prouvé que la théorie de la convection est une pure erreur, une méprise incroyable des météorologistes dont on doit être heureux d'avoir pu enfin débarrasser la science et la navigation.

Les isobares.

M. de Humboldt a eu le premier l'idée de représenter sur la carte d'une contrée les courbes d'égale température, les isothermes, à l'aide d'observations du thermomètre faites dans de nombreuses stations. On a étendu ce procédé à toute sorte de données physiques, entre autres aux indications du baromètre. Après avoir porté sur une carte les pressions observées en chaque station, on détermine par interpolation les points qui répondent à des pressions égales, par exemple de 5 millimètres en 5 millimètres, et l'on dessine ainsi les isobares en unissant ces points par des traits continus. La distance comprise entre deux de ces courbes consécutives se nomme *gradient;* elle donne la variation de pression pour leur intervalle.

Il y a une grande différence entre les Cartes synoptiques anciennes dont nous avons déjà donné un modèle, et les modernes qui font connaître non seulement les flèches du vent, mais encore les hauteurs du baromètre. Celles-ci ont l'avantage de pouvoir être construites immédiatement, le jour même, grâce au télégraphe terrestre qui en fait connaître aussitôt les éléments. On les construit en effet jour par jour; mais, à ce compte, il n'est pas possible d'y faire intervenir les observations faites en mer, sur les navires, pour lesquelles il faut le temps considérable de les réunir. Les isobares représentatives des cyclones sont nécessairement interrompues en mer ou manquent complètement. En outre,

les flèches du vent n'étant recueillies que sur les continents sont
altérées plus ou moins par le frottement de l'air contre la surface
du sol ; et, il faut bien le dire, les pressions n'y sont fidèlement
représentées qu'à l'état statique. Lorsque l'atmosphère est parcourue par des vents violents, comme ceux qui règnent à l'intérieur des tempêtes, le baromètre n'indique plus les pressions
réelles mais quelque chose que la Science ne sait pas encore
définir. On peut dire seulement que la pression est diminuée par
les mouvements horizontaux, ceux qui règnent dans les cyclones,
et que là où il y a un minimum de pression il n'y a réellement
qu'un maximum de vitesse. Néanmoins, on a pris le parti de
construire jour par jour les Cartes synoptiques des continents, et
ce n'est guère que dans de rares occasions où l'on se résout à
recourir à l'autre système qui a si bien mis en évidence les lois
des tempêtes.

Cependant les cercles de Piddington, qui représentent si bien
les courants circulaires de la tempête, ne sont qu'imparfaitement
figurés par les isobares. Ce n'est guère que dans les cyclones
bien conformés, particulièrement dans les cyclones intertropicaux
que les isobares sont réellement des cercles ; ailleurs les isobares
affectent une figure plus ou moins elliptique et, comme on ne sait
réellement pas avec précision où finit la tempête, les isobares
prennent à la limite indécise des figures tout à fait différentes du
cercle. C'est pourquoi je pense que ces limites de la tempête ne
devraient être déterminées que par l'observation directe et non
par le baromètre. J'inclinerais à adopter pour cela la règle de
M. Hayden d'observer les petits nuages bas dont les mouvements
sont encore circulaires et seraient encore capables d'indiquer le
centre par la règle des 8 points.

Je me hâte de citer mes autorités sur ce sujet. D'abord
M. Mohn déclare fort nettement qu'à l'intérieur des cyclones tropicaux le vent souffle presque circulairement autour du centre,
que les isobares sont à peu près circulaires et que les trajectoires
du vent coïncident presque avec les isobares. De là la figure qu'on
trouve dans les feuilles du *Pilot chart* (*fig.* 10) pour représenter
le mouvement presque circulaire de la partie centrale des cyclones.

Encore plus nettement, M. le Dr Sprung s'exprime ainsi dans
son récent *Traité de Météorologie,* p. 115 :

« Que l'angle de déviation ψ (c'est le complément de l'inclinaison du vent sur l'isobare) n'est en aucune façon constant, c'est ce qu'on verra aisément à l'aspect des Cartes synoptiques de ce Volume. On y constatera aussi que les flèches du vent sont fré-

Fig. 10.

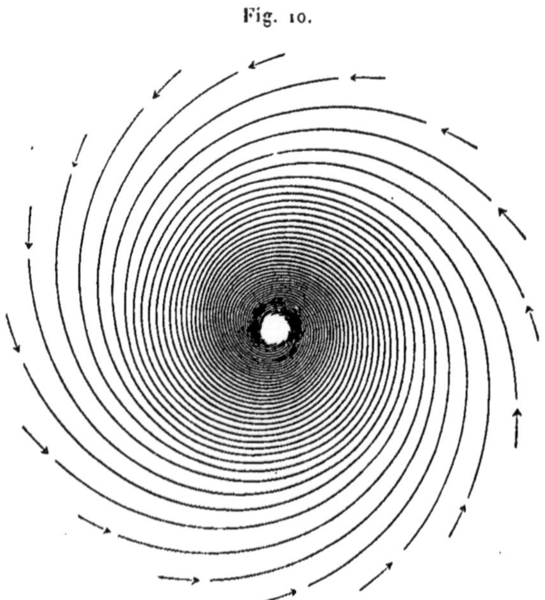

quemment tout à fait parallèles aux isobares (*dass die Vindpfeile haüfig den Isobaren genau parallele verlaufen, indem der Ablenkungswinkel den Betrag von* 90° *erreicht*). Considérez, par exemple, sur la *Pl. VI* la Carte synoptique de l'Europe du 5 décembre 1883 et sur la *Pl. VIII* celle du 20 décembre 1884 (*fig.* 11 et *fig.* 12). »

M. von Bezold ne doute pas non plus que dans les tempêtes bien conformées (il faut exclure sans doute celles qui sont en train de se segmenter) les isobares ne soient complètement parallèles aux flèches du vent.

Lorsqu'on ne considère que les Cartes synoptiques faites sur les continents, on rencontre souvent des anomalies embarrassantes. Par exemple, des isobares centrées sur un minimum barométrique bien accusé où les flèches du vent sont dirigées vers le

Fig. 11.

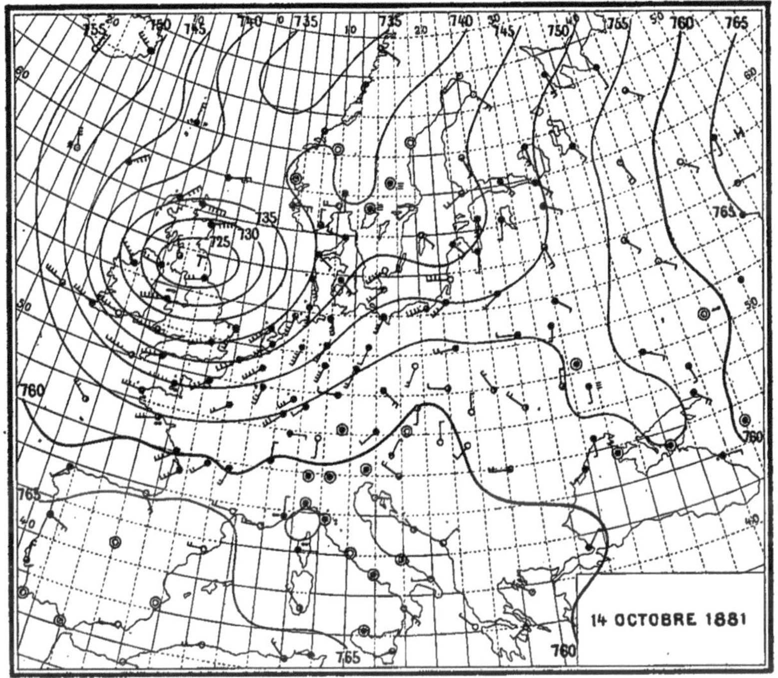

14 OCTOBRE 1881

Fig. 12.

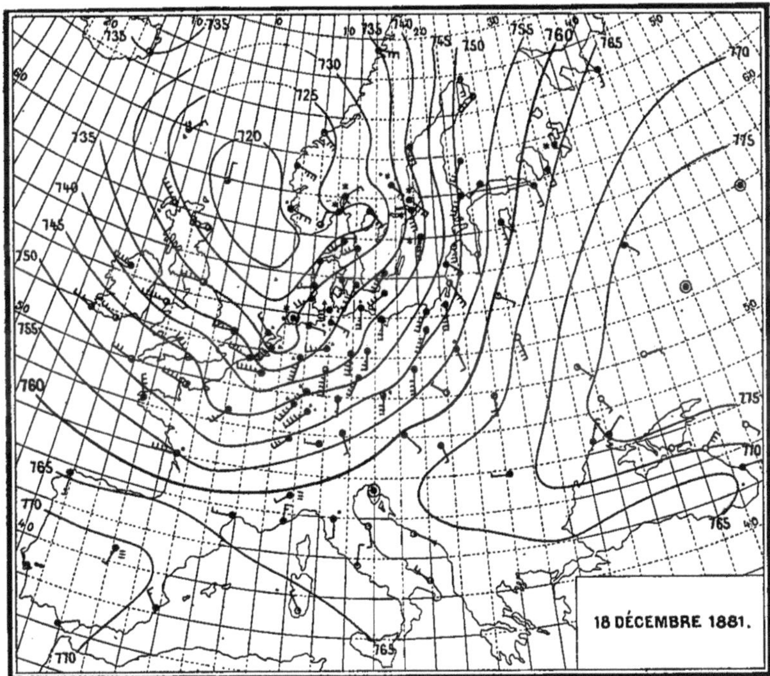

18 DÉCEMBRE 1881.

minimum, comme dans le système d'Espy, au lieu d'être couchées
sur les isobares. C'est précisément ce que j'ai nommé une *fausse*

Fig. 13.

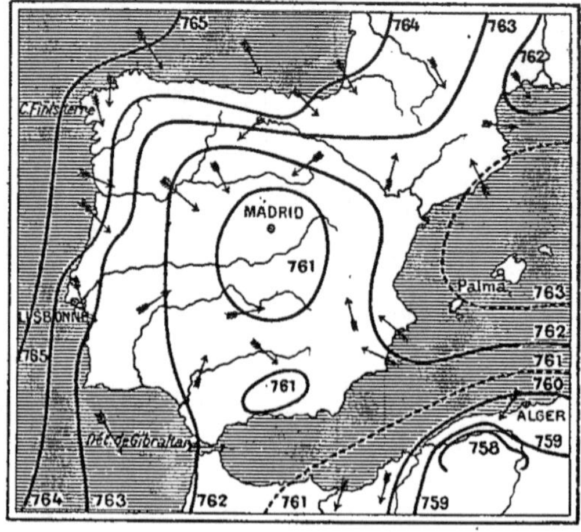

trombe, ou plutôt un *faux cyclone*. Et de fait, la grande force du
vent y fait défaut et il est bien aisé de se rendre compte, avec

Fig. 14.

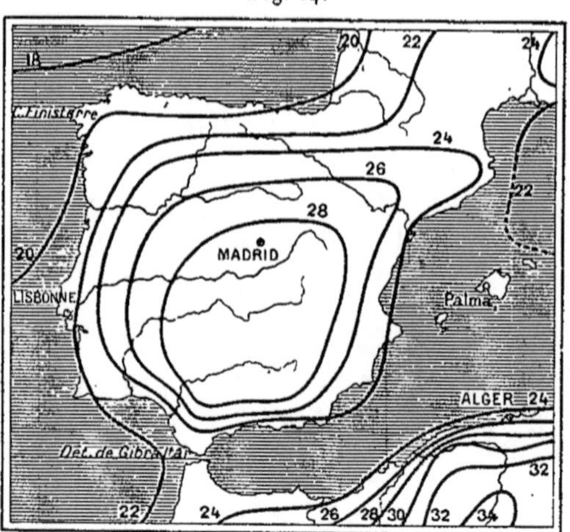

M. Teisserenc de Bort, de cette anomalie qui n'en est pas une,
car il n'y a là aucun rapport avec un cyclone.

Rapprochons, en effet, de cette carte d'isobares (*fig.* 13) une autre carte d'isothermes (*fig.* 14) du même pays, l'Espagne, que j'ai pris pour exemple. Nous verrons qu'en juillet ces isothermes s'arrangent concentriquement autour d'un maximum de température en commençant par les côtes, où la mer présente une faible température allant en croissant à mesure qu'on s'écarte des côtes vers le milieu du pays. L'air placé sous ces isothermes tendra à monter à mesure qu'on se rapproche du maximum, et l'ascension de l'air aura pour effet de produire un minimum de pression, précisément dans la région de la plus haute température. Ces deux figures ont été données par M. Teisserenc de Bort et ont été rapportées page 311 de la *Météorologie* de Sprung et pages 290 et 291 de la traduction française de la *Météorologie* de Mohn.

Je terminerai par la citation suivante d'un article que j'ai inséré, il y a longtemps, dans les *Comptes rendus* du 2 juillet 1888, t. CVII, mais que j'avais oublié, pour montrer que dès cette époque j'avais signalé cette cause d'erreur de la Météorologie actuelle :

« En résumé, ce qui fait l'erreur de la théorie adverse, c'est que l'on y confond deux genres de dépression bien différente. Tout cyclone a bien à sa base un minimum barométrique qui l'accompagne partout, quelle que soit sa vitesse, et ses girations violentes sont elles-mêmes l'obstacle qui empêche l'air ambiant d'y affluer; mais la réciproque n'est pas vraie, tout minimum ne correspond pas à un cyclone.

» La différence immédiatement saisissable, c'est que l'un marche, et même à grande vitesse, dans un sens absolument déterminé, tandis que le second reste en place ou à peu près, comme les maxima auxquels on a donné à tort le nom d'*anticyclones*.

» Dans le premier phénomène, les pressions, au sein des masses d'air supérieures animées de girations rapides, ne se transmettent plus également en tout sens comme à l'état statique; l'air ne monte pas, il descend, entraînant avec lui les cirrus élevés. L'intrusion violente de ces cirrus, dans les couches supérieures chargées d'humidité, détermine la formation brusque des averses, de la grêle, du tonnerre.

» Dans les dépressions fixes, bien plus faibles d'ordinaire, les choses se passent différemment; l'aspect du ciel y est tout autre; la succession des phénomènes s'y opère tranquillement; c'est une question de Météorologie statique. Il s'y produit, vers la périphérie, des brises plus ou moins convergentes (déviées naturellement par la rotation du globe), mais non des girations violentes. L'air y monte avec lenteur. Il peut y avoir des pluies, non des averses ou de la grêle. Averses, tonnerres, grêles exigent, en effet, l'intervention des cirrus qui, dans ce second cas, restent en haut, charriés par les courants supérieurs, ou tombent avec lenteur par le seul effet de la gravité.

» Cette confusion de deux ordres de phénomènes, essentiellement différents, trouble depuis plus de cinquante ans la Science météorologique, entrave ses progrès et compromet la sécurité de la navigation. »

———

ŒIL DE LA TEMPÊTE.

Je me propose maintenant d'appeler l'attention du lecteur sur le calme qui se retrouve avec une étonnante netteté dans tous les cyclones tropicaux, parfois même au delà du 50e degré de latitude, mais qui s'altère à mesure que la tempête progresse vers le pôle, sans jamais disparaître entièrement. Avant de mettre sous ses yeux les témoignages des navigateurs qui ont eu la malchance de se trouver dans cette région de calme, qu'il me permette de citer le récit d'un poète, le seul qui ait décrit une vraie tempête ([1]). Voici le passage qui a trait à cet admirable phénomène.

« Bientôt l'ouragan atteignit son paroxysme. La tempête n'avait été que terrible, elle devint horrible. A cet instant-là, disent les marins, le vent est un fou furieux.

» Subitement une grande clarté se fit; la pluie discontinua; les nuées se désagrégèrent, une sorte de haute fenêtre crépusculaire s'ouvrit au zénith et les éclairs s'éteignirent. C'est à cet instant-là qu'au plus noir de la nuée apparaît, on ne sait pourquoi, pour

---

([1]) Victor Hugo, *Les travailleurs de la Mer*.

espionner l'effarement universel, ce cercle de lumière bleue que les vieux marins espagnols appellent l'*œil de la tempête, el ojo de tempestad*. On put croire à la fin! c'était le recommencement. La saute du vent était du SE au NO. La tempête allait reprendre avec une nouvelle troupe d'ouragans. Les marins nomment cette reprise redoutée la *rafale de la renverse.* »

Cyclone de l'*Églé*.

Étant en mission à Mozambique, à bord de la goélette de l'État l'*Églé,* commandée par M. Leclaire, enseigne de vaisseau, j'ai eu occasion d'éprouver un de ces ouragans que connaissent bien les gens du pays.

Le 1ᵉʳ avril 1858, dans la nuit, le vent prit par rafales du SE au SSE, accompagnées d'une pluie diluvienne. La goélette était mouillée sur deux ancres. A 6ʰ du matin, le baromètre marquait 758ᵐᵐ.

Vers midi, le baromètre continuant à baisser et le vent à augmenter sans changer de direction, nous vîmes bien que nous allions recevoir un ouragan des tropiques et nous prîmes nos précautions en conséquence.

Deux autres ancres furent mouillées avec les deux premières. La mâture fut réduite aux seuls bas mâts et, à 2ʰ de l'après-midi, nous n'avions plus qu'à attendre les effets du vent qui soufflait toujours du SE avec la plus grande violence. Le baromètre indiquait 755ᵐᵐ.

Toute la journée le vent augmenta et le baromètre baissa : à 6ʰ du soir il était à 748. La mer devenait très grosse malgré l'abri de la terre, et la goélette tanguait de manière à faire croire à chaque instant que les chaînes allaient se rompre. Le plus grand nombre des bateaux arabes à l'ancre près de nous chassaient sur leurs faibles amarres; quelques-uns étaient déjà à la côte; la nuit se faisait et le vent qui soufflait plus violemment encore était toujours du SE.

A 11ʰ, le baromètre marque 742; toujours mêmes vents du SE sans variations. A 11ʰ45ᵐ un calme subit succède aux rafales, au moment où elles paraissent augmenter de violence. La tempête s'est apaisée d'une façon si brusque que nous ne pourrions dire comment s'est faite une transition si complète.

La mer est toujours très grosse, mais elle diminue déjà et le calme parfait dont nous jouissons permet de s'assurer de l'état dans lequel se trouve la goélette.

Pendant ce temps la pluie cesse, le ciel se découvre et les étoiles brillent. Le calme est si profond que nous cherchons en vain à voir avec une bougie allumée d'où vient le vent. Tout semble indiquer que l'ouragan est terminé, et nous aurions partagé les espérances de l'équipage si nous n'avions pas su que nous allions subir les assauts d'une nouvelle tempête. Le baromètre d'ailleurs, en se maintenant à 740, eût suffi pour nous confirmer dans cette idée que le calme n'était que le résultat du passage du centre, et nous attendions avec crainte la saute du vent au NO, car nous allions être poussés à la côte dont nous étions très rapprochés.

A 1ʰ, en effet, les premières rafales du NO tombaient à bord comme un coup de foudre, et faisaient pirouetter la goélette qui allait subir un nouvel assaut.

La mer, venant du fond du golfe, a le temps de se développer, et elle devient tellement grosse qu'à chaque lame l'*Églé* disparaît tout entière.

Une heure se passe, pleine d'anxiété; la pluie a recommencé avec la saute du vent; la mer devient monstrueuse. Cependant la goélette a bien résisté aux chocs violents qui l'ont assaillie, elle ne fait pas d'eau; le beaupré est brisé, deux des chaînes se sont cassées mais les deux autres tiennent encore et peuvent nous sauver, car le baromètre remonte et dans quelques heures la tempête doit s'apaiser.

C'était notre espérance, lorsqu'une rafale affreuse fait chasser nos amarres, et le plomb de sonde nous indique que le naufrage est inévitable. Vers 3ʰ, en effet, un premier coup de talon nous annonce que nous sommes à la côte!

Le gouvernail est démonté, la roue vole en éclats, et nous sentons à chaque coup de mer le pont nous manquer sous les pieds; les mâts fouettent comme des joncs, nous menaçant à chaque instant de leur chute terrible.

L'*Églé* n'est plus qu'une épave que la mer couvre à tout instant.

La pluie est si intense, l'obscurité si profonde que nous ne pouvons voir l'endroit de la côte où nous avons été jetés.

L'avant de la goélette flotte encore, l'arrière seul frappe sur le fond ; l'*Églé* pourrait se briser, mieux vaut donc l'échouer complètement.

Le temps s'améliore sensiblement, la mer mollit, le baromètre remonte et le lendemain, grâce aux secours intelligents fournis par le port, nous pouvons remettre à flot la goélette qui avait si vaillamment supporté tant d'assauts divers.

L'élévation de la mer a produit une inondation qui a fait de nombreuses victimes : plus de 200 Arabes ont été noyés à bord de leurs bateaux.

Mais c'est assez s'appesantir sur les effets de l'ouragan.... Constatons maintenant que le vent a augmenté de violence sans changer de direction, jusqu'au point central marqué par le calme subit, en même temps que le baromètre baissait jusqu'à ce même point.

Après cette accalmie d'une heure, le vent a sauté subitement, cap pour cap, et a continué dans cette dernière direction jusqu'à la cessation de l'ouragan, tandis que le baromètre ne commençait à remonter qu'après les premières rafales de cette seconde partie de la tempête.

Nous n'avons éprouvé que deux vents, de directions parfaitement opposées (¹).

La vitesse de translation de ce cyclone a été déterminée par d'autres navires ; on a trouvé 300 milles en trente-six heures ou $15^{km},4$ par heure, et, comme l'éclaircie a duré une heure, on en peut déduire que le diamètre de la région du calme était au moins de $15^{km},4$.

Cyclone de la *Nouvelle-Antigone* (²).

Bien que ce cyclone n'ait rien de bien frappant, je crois devoir le rapporter afin de montrer que la région du calme s'étend plus

---

(¹) C'est la démonstration la plus nette de la parfaite circularité des vents dans tout le cours de l'ouragan.

(²) BRIDET, p. 39.

loin que les tropiques et que l'on trouve ce calme dans des cyclones de près de 40° de latitude australe ou boréale, peu importe. Je crois même en avoir vu noter par 50° de latitude, mais je n'en suis pas sûr.

Le 15 octobre 1849, par 38°40′ de latitude sud et 9°49′ de longitude est, la *Nouvelle-Antigone* était en calme, les vents variant du NE au NO, grosse houle du NO.

A 8ʰ du soir, les vents se prononcèrent par fortes rafales du NE au NNE; le baromètre à 749ᵐᵐ. On mit à la cape sous le grand hunier au bas ris, et l'on prit toutes les précautions possibles contre le mauvais temps.

Le 16, à minuit, la pluie est abondante, des éclairs sillonnent le ciel de tous côtés, le vent augmente de violence, toujours la même direction et, à 4ʰ du matin, il vente tourmente, le baromètre ayant atteint 738ᵐᵐ. Alors se fait une accalmie d'une demi-heure, après laquelle le vent saute au SO variant à l'OSO; tempête, pluie très abondante qui diminue sensiblement dans la matinée, le baromètre ayant remonté en même temps que la saute de vent avait lieu.

A 8ʰ le vent souffle par rafales et à midi il n'y a plus qu'une jolie brise d'OSO permettant de faire de la toile; le baromètre a atteint sa hauteur ordinaire : 758ᵐᵐ.

D'après ce que nous venons de dire, le navire s'est trouvé droit sur la trajectoire suivie par l'ouragan dans la deuxième branche de la parabole. Nous voyons que le vent a toujours été en augmentant du NE, sans varier, jusqu'au point où le calme s'est fait sentir, et que ce calme a été remplacé par une brise de SO soufflant en tempête, qui a diminué à partir de ce moment. Le baromètre a subi la marche ordinaire : baisse progressive jusqu'au calme, et hausse subite dès que le vent a sauté cap pour cap.

Le *Veaune*, île de la Réunion.

Le 25 février 1860 le *Veaune* était sur la rade de Saint-Denis; il appareillait, sous la menace d'un cyclone.

Pendant vingt-quatre heures il conserva malheureusement les amures à tribord avec le foc d'artimon seul; le vent, toujours au SE, augmentait à chaque instant de violence; la mer était affreuse et le baromètre descendait rapidement jusqu'à 735^{mm}.

Le 26, à 2^h du matin, le foc d'artimon est défoncé; le navire exposé à toute la fureur de la mer est couvert à chaque lame de bout en bout; enfin, à 4^h du matin, il engage et se couche tellement sur bâbord que les pavois de ce côté sont entièrement plongés dans l'eau.

Dans ce péril extrême, tout est essayé pour faire arriver le navire : le petit foc est emporté à peine hissé et les hommes font en vain voile avec leurs corps dans les haubans de misaine. Le *Veaune* reste couché dans cette affreuse position jusqu'à 8^h du matin. Inutile de dire que la barre, tout au vent, n'a aucune action sur le navire.

L'équipage est alors réuni sur l'arrière et de l'avis commun on coupe le mât d'artimon qui tombe heureusement sans blesser personne, ce qui permet d'arriver et de fuir au NO; le baromètre est à 723^{mm}.

Mais que peut produire cette manœuvre nouvelle alors qu'on se trouve si près du centre de l'ouragan? Il est trop tard pour espérer passer en avant de ce centre fatal, et ce n'est pas du reste la pensée de ceux qui n'ont vu de salut que dans la fuite.

La chute du mât d'artimon a redressé le navire, et l'on fuit pour ne plus se trouver dans la position terrible à laquelle on vient d'échapper, sans songer qu'on va peut-être au-devant d'un danger plus grand encore.

Le vent continue à souffler avec plus de violence si c'est possible, et le baromètre baisse encore; à midi il est à 718^{mm}.

A ce moment l'ouragan cesse subitement; le ciel, jusqu'alors du plus sombre aspect, se dégage peu à peu; le Soleil perce les quelques nuages qui restent au zénith; la mer du SE semble mollir et tout annonce le retour du beau temps, présages favorables qui raniment le courage des malheureux marins, tout à l'heure si près d'une mort terrible!

On profite de cette embellie pour faire dîner l'équipage, puis on ouvre les panneaux pour redresser le lest qui était presque entièrement tombé sur bâbord.

Cependant le baromètre baisse toujours. A 1^h il atteint 715^{mm}; le capitaine du *Veaune*, tout étonné, reste néanmoins dans une sécurité complète qui aurait pu être fatale à son navire.

A 3^h en effet, le vent saute au NO et au N, engageant une seconde fois le navire sur bâbord et lui faisant courir les plus grands dangers. Les panneaux sont fermés à la hâte, on essaye de fuir de nouveau, mais la drosse casse et le navire n'arrivant pas, quoi qu'on fasse, reste ainsi couché jusqu'à 2^h du matin le 27.

Mais le baromètre remonte; à 6^h du matin il est à 746^{mm}, les rafales mollissent, la mer diminue de violence et l'on peut enfin faire route pour regagner le mouillage où l'on arrive le 3 mars, les manœuvres hachées, les voiles emportées, les coutures du pont et des préceintes ayant craché leur étoupe, ce qui cause une voie d'eau considérable et fait abandonner plus tard le navire pour compte des assureurs.

Cyclone de l'*Amazone*.

Rapport de M. Riondet, capitaine de frégate.

Le 6 octobre à 7^h du matin, me trouvant à 15 *milles* dans le NE de la Désirade, près de la Martinique, je fis éteindre les feux et mis à la voile avec brise de NE et beau temps.

Le 8, dans la nuit, le vent fraîchit et il y eut quelques grains. Baromètre 763^{mm}.

Le 10, le vent hâla le N et força un peu; la mer se fit. Des grains mêlés de pluie furent plus fréquents, et l'on vit des éclairs au S et à l'O. Baromètre 760^{mm}.

L'apparence du temps n'est pas bonne. Depuis minuit, la mer, le vent, les grains devinrent mauvais; un coup de vent paraissait prochain. Nous prîmes la cape courante sous les huniers inférieurs, l'artimon, la trinquette et la misaine à deux ris. Vers midi le coup de vent s'accentua, la mer devint plus grosse; le vent toujours de la même partie N, très fort. Baromètre 759^{mm}.

A minuit trente le grand hunier se déchira et fut emporté. Je fis allumer les feux de deux chaudières pour nous soutenir. L'idée d'un cyclone se présenta à mon esprit, mais j'espérais qu'un pareil météore ne fondrait pas sur nous, des coups de vent rectilignes se présentant souvent dans les parages des Bermudes dont nous n'étions qu'à 120 lieues. Nous étions à la fin d'un quartier de la Lune et l'hivernage se terminait. Cependant, nous nous trouvions dans le cas d'un cyclone, juste dans la direction du centre, le vent étant invariable au NE. Je poursuivis ma route au NO comptant que le coup de vent ne tarderait pas à cesser. Le baromètre continuait à descendre et, le voyant à 747^{mm} à $4^h 45^m$, je commençai à concevoir des inquiétudes. Le temps empirant toujours, quoi qu'il en fût d'un simple coup de vent à recevoir ou d'un cyclone, je résolus de fuir dans le SO ainsi qu'il le fallait dans le dernier cas, d'après notre position.

A 3^h nous étions à la cape sous la misaine seulement; j'avais bien des appréhensions sous cette allure, sachant que mon navire était faible dans la partie arrière; mais je jugeai que de deux dangers menaçants il fallait affronter le moindre. J'allais être convaincu que j'avais bien agi : nous nous trouvions en effet sous les premières étreintes d'un cyclone. Le baromètre était descendu à $6y8^{mm}$.

A 5^h nous courions donc au SO, mais nous gouvernions mal. La mer et le vent, forçant de plus en plus, étaient devenus horribles.

A 5^h nous embardions du S au SE; le gouvernail était impuissant à nous faire arriver. Nos embarcations de porte-manteaux s'envolaient pour ainsi dire; celles de bâbord étaient rabattues sur le pont. Je donnai ordre de couper les galhaubans pour faire tomber le mât d'artimon. Il tomba, mais le navire n'arriva pas. La roue était endommagée, le pont enfoncé au-dessus du carré des officiers par la vergue barrée, le vent avec des mugissements terribles, des sifflements aigus, renversant, arrachant, dispersant tout. On ne pouvait plus se tenir sur le pont que cramponné à quelque objet bien solide. La mer sans étendue, tout l'horizon étant obscur et rapproché, battait nos flancs en grondant. Une pluie torrentielle, salée par le mélange avec les embruns, les éclairs, la foudre, tous les éléments déchaînés nous assaillaient à coups redoublés. La misaine disparut à 7^h, puis la trinquette et le petit foc qu'on était parvenu à hisser. Nous restions à sec de voiles sur les bords du centre du cyclone et, je crois, dans le nord-est de son point central même.

Vers 7ʰ30ᵐ nous nous trouvions dans la partie la plus dangereuse du météore. Il allait nous passer dessus dans quelques instants. Le grand mât se brisait, ne laissant qu'un tronçon de 7ᵐ à 9ᵐ; le petit mât de hune tombait; le bout-dehors se cassait au chouquet du beaupré, et ce mât lui-même craquait près des liures. A tribord et bâbord, derrière, devant, la plus grande partie des bastingages était partie à la mer ou abattue sur le pont. Les deux canons de tribord, ayant rompu leurs saisines, glissaient à l'eau avec leurs affûts. La chaloupe et les dômes démarrés de leurs triples attrapes se heurtaient contre les débris des murailles. Par un bonheur inouï, ni la chute des mâts ni la violence du vent n'avaient ébranlé la cheminée.

Depuis 7ʰ le gouvernail ne sentait plus l'action de la roue et nous gouvernions à barre franche, tâchant, mais en vain, de mettre le cap au SO. Nous étions invariablement tournés au S, et nous venions vers le SE.

La chambre de chauffe fut quittée trois fois par les chauffeurs. L'eau envahissait et le feu des fourneaux était chassé en dedans par la force du vent plongeant par la cheminée. L'eau pénétrait à pleins bords par les panneaux et par le puits de l'hélice défoncé en grand. Tout le monde était aux pompes. Le danger donnait des forces même aux malades. Les ouvriers de diverses professions bouchaient les voies d'eau, consolidaient et redressaient tout ce qui menaçait de se démolir. Au milieu de ce bouleversement, du craquement des murailles, des bancs, des cloisons, en présence des débris de toute espèce, aucun cri de détresse, aucun signe de panique. Chacun travaillait avec courage et résignation.

A 8ʰ, il se fit un calme subit; le vent et la mer s'apaisèrent. Le ciel s'éclaircit au zénith où brillaient des étoiles. Nous entrions dans le centre du météore. Pendant ce répit, qui dura dix minutes, j'observai que le cercle zénithal avait sa concavité tournée vers la droite et que son bord paraissait droit au-dessus de nous. D'après le cap que nous avions (S au SE) cette observation me montra que j'étais dans le demi-cercle dangereux, et, comme le vent ne cessa de venir de la hanche de bâbord, j'en conclus que le centre était traversé par l'*Amazone* sur une corde assez petite et parallèle au parcours. Pendant le passage du centre, des feux Saint-Elme parurent sur le navire.

Bientôt le cercle zénithal s'effaça, les mugissements du vent recommencèrent, la mer redevint furieuse, en blanchissant d'une manière éclatante sur le fond noir de l'horizon. A ce moment une lame monstrueuse, une immense volute dépassant le navire de l'avant, s'avança sur nous en nous dominant d'une dizaine de mètres. Elle nous passa dessus, inonda le navire, le coucha sur le flanc à donner le vertige, mais, grâce à Dieu, nous nous redressâmes. Le navire avait tourné à l'O et jusqu'à l'ONO. Le vent venait encore de la hanche de bâbord ainsi que la mer.

A partir de notre sortie du centre le baromètre remonta ; le temps était encore affreux, mais tendait à s'améliorer. A 9ʰ le vent et la mer étaient tombés. A minuit nous étions hors de danger. Les pompes gagnaient sensiblement.

TYPHONS.

Nous venons de passer en revue les cyclones de notre hémisphère et ceux de l'hémisphère austral dans la mer des Indes. Voici maintenant ceux de l'Indo-Chine qui portent le nom de *typhons*. Ceux-là aussi ont l'œil de la tempête entouré de girations furieuses parfaitement circulaires. Les navigateurs du XVIIᵉ siècle y avaient reconnu le caractère tourbillonnaire, et le calme central ne leur avait pas échappé. Voici ce qu'en dit Dampier, dans son *Voyage d'Achem et au Tonkin*.

« C'est une espèce particulière de tempêtes violentes soufflant dans les mois de juillet, août et septembre.... Un nuage inquiétant et menaçant se voit (à l'horizon) douze heures avant l'arrivée du tourbillon. Quand il commence à marcher rapidement, le vent s'établit presque immédiatement, augmente avec une grande rapidité et souffle du NE pendant douze heures, plus ou moins. Il est accompagné de terribles coups de tonnerre, de larges et fréquents éclairs et d'une pluie très épaisse. Quand le vent commence à mollir, il tombe tout à coup et le calme succède pendant une heure environ ; puis le vent s'élève à peu près au SO et souffle de ce quartier avec la même fureur et aussi longtemps qu'il avait soufflé au NE. Il pleut aussi comme avant. »

Mais quelque intéressants que soient les détails recueillis par les navigateurs sur cette singulière aire de calme au sein des tempêtes, on ne saurait obtenir à ce sujet, dans ces récits si émouvants, des données bien explicites avec le baromètre pour seul moyen d'exploration. On voit que le minimum est atteint pendant le calme et qu'aussitôt que le baromètre se relève la tempête reprend avec une nouvelle fureur. On constate que l'air y est non seulement calme mais serein, et que l'ouverture pratiquée au milieu de la tempête, dans les nuées qui couvrent le ciel, laisse apercevoir, des heures entières, les étoiles pendant la nuit ou les rayons solaires pendant le jour. On a remarqué aussi que parfois, quand on navigue en pleine mer, mais à quelques lieues des côtes, on voit une foule de papillons ou d'oiseaux de mer tomber fatigués et presque expirants sur le pont du navire engagé dans le centre, phénomène que nous expliquons plus loin. Là se bornent les remarques des navigateurs.

Typhon de Manille.

Mais voici une observation d'un genre tout nouveau : celle du typhon du 20 octobre 1882, enregistrée aux appareils de l'observatoire météorologique de Manille, comprenant des éléments d'information qu'un marin, en lutte contre les éléments, n'aurait ni le temps, ni même l'idée de noter.

Le centre a passé sur le bord de l'île ; le bord seulement du calme a passé sur l'observatoire. En trois heures trente minutes le baromètre baissa de $0^m,023$ et, pendant ce temps, la vitesse du vent s'accrut progressivement de 10^m à 54^m par seconde. Au moment du passage dans le calme cette vitesse tomba subitement. Après un calme de quinze minutes, la pression et la force du vent reprirent immédiatement les valeurs précédentes et suivirent, par conséquent, la marche, inverse comme dans tous les cas que nous venons de rapporter. Mais les variations de la température et de l'humidité qu'on n'aurait pu suivre sur un navire furent bien plus remarquables encore. Tant que dura la première

moitié du cyclone, le thermomètre se tint à 24° avec une remarquable constance; puis, à l'entrée du calme, il monta subitement
à 31°, pour retomber non moins subitement à 24° à la fin de ce
passage du calme. Quant à l'humidité relative, elle suivit exactement les phases correspondantes : de 98 pour 100 pendant le
cyclone, elle tomba à 53 pendant le calme, sécheresse extraor-
dinaire dans ces climats, puis remonta de même, subitement, à
son premier degré.

Le Dr Sprung, à qui j'emprunte cette citation ([1]), conclut ainsi :

« Ces phénomènes, si hautement caractéristiques, ne peuvent
évidemment s'expliquer qu'en admettant qu'il existe un courant
descendant au centre du cyclone, conformément aux idées de Faye,
Hirn, Andriès.... »

Mais bientôt le préjugé météorologique reprend chez lui le
dessus et il plaide les circonstances atténuantes : il se pourrait,
dit-il, que le courant descendant n'intéressât que les couches
basses; d'ailleurs, ajoute-t-il, le calme central ne serait-il pas
l'exception plutôt que la règle?

Mais si le courant descendant n'existait que dans les couches
basses, les nuées subsisteraient au-dessus; on ne verrait pas le
ciel bleu, les étoiles ou le Soleil. Quant au second point, si
l'éclaircie centrale est peu observée en Allemagne ou en Norvège,
elle est de règle pour les tropiques et même encore plus loin.

L'élévation de la température et la sécheresse tout à fait insolite
de l'air compris dans la colonne de calme prouve bien que l'air y
est descendant. La température croît, en effet, lorsque l'air des
hautes régions est forcé de descendre; l'humidité, au contraire,
décroît, et ces deux éléments seraient soumis à une plus forte variation que celle qui a été constatée à Manille, si l'air confiné à
l'intérieur du cyclone ne participait, jusqu'à un certain point, par
communication latérale, à la température et à l'humidité de l'air
environnant du cyclone.

Il n'est même pas difficile d'expliquer que les oiseaux et les
papillons puissent être enfermés dans une sorte de cage par les
parois du cyclone animées d'une giration furieuse, et soient entraînés pendant un temps au-dessus de la pleine mer.

---

[1] *Lehrbuch der Meteorologie*, p. 240, Hambourg, 1885.

Lorsque le cyclone passe sur la terre ferme, les animaux se terrent et les oiseaux, qui s'y sont d'avance réfugiés aux approches de la tempête, se cachent. Lorsque arrive la région du calme qui occupe plusieurs lieues de diamètre et qui dure plusieurs heures, la partie de ces oiseaux qui s'y trouve réfugiée ébauche une sortie et s'élève dans l'atmosphère parfaitement libre de girations violentes. Mais bientôt les oiseaux sont entraînés par le cyclone en participant à son mouvement de translation, mais ils ne peuvent sortir de la cage qui les emprisonne. Ils tombent dans l'eau, épuisés de fatigue, à moins qu'ils ne se réfugient sur le pont d'un navire.

Nous ne pouvons nous empêcher de faire remarquer ici que le noyau calme d'une trombe ou d'un tornado présente une analogie saisissante avec le calme d'un cyclone.

De là vient l'air pur qui descend dans l'entonnoir du cyclone, sous l'aspiration provoquée par la force centrifuge, tandis que les spires descendantes entraînent tout autour les nuages glacés des hautes régions. Il y a là une analogie frappante avec les trombes ou tornados qui entraînent aussi l'air relativement pur des régions supérieures. La seule différence consiste en ce que le vide interne des cyclones (vide rempli par l'air supérieur) est énorme, de plusieurs lieues de diamètre, tandis que le vide des tornados est indéfiniment rétréci dans l'appendice qui les fait communiquer avec le sol ; mais l'existence de ce vide, à la fois dans les cyclones et dans les trombes, est une preuve frappante de l'analogie qui existe entre ces phénomènes. Elle prouve que si les tornados sont descendants, ce qui a été démontré plus haut par les faits, il doit en être de même des cyclones.

THÉORIE.

La hauteur à laquelle atteint le calme dans les tempêtes est facile à définir. Cette hauteur est celle où le ciel est serein, au-dessus des cumulus et des cirrus, et où l'on aperçoit les étoiles ou le ciel bleu à travers les nues. C'est donc la hauteur où cessent les derniers nuages, hauteur variable qui va de 10000^m à 12000^m près de l'équateur et qui s'abaisse progressivement à 6000^m ou 5000^m et plus bas encore dans les contrées froides. De là vient l'air pur qui descend dans l'entonnoir du cyclone, appelé par la force centrifuge due à la giration. Cet air est isolé par les spires descendantes d'un autre air troublé par les nuages glacés condenseurs de là grêle et des averses.

La principale différence des trombes et des cyclones consiste en ce que les cyclones ont leur origine dans les hautes régions où se montrent les cirrus, tandis que les trombes naissent dans les régions bien plus basses à 2000^m ou 3000^m d'altitude, au-dessous desquelles se trouvent les cumulus et les nimbus. Mais il est une autre différence de même importance : c'est que les trombes ou tornados restent au-dessus du sol, sans jamais le toucher, si ce n'est par l'espèce de trompe qu'elles lancent vers lui, tandis que les cyclones vont jusqu'au sol lui-même. Néanmoins, l'identité des mouvements de giration et de translation montre bien que les cyclones sont descendants comme les tornados ou les trombes; la supériorité de la giration dans ces derniers, à la surface du sol, tient tout simplement à la forme tronconique de leurs appendices où les girations s'accélèrent à mesure qu'ils se rétrécissent.

Translation.

Il s'agit maintenant de montrer que les lois des tempêtes que l'on a trouvées par l'observation sont d'accord avec cette constitution des cyclones; nous commencerons d'abord par la translation dans les deux hémisphères.

Cette translation se relie, comme on l'a vu dès le début de cette deuxième Partie sur les cyclones, à la figure de la Terre, par quelque loi dont la *fig.* 15 nous révèle la constance au premier coup d'œil. D'après ce dessin, les courants élevés où les cyclones prennent leur origine et leur puissance mécanique, dues principalement à la chute verticale bien plus grande à l'origine que dans le reste de leur parcours, et dont la projection sur le sol marque la translation des tempêtes, ne vont pas directement de l'équateur aux pôles. Ils dévient tout d'abord vers l'O, puis vers le N et le NE, décrivant ainsi sur le globe terrestre des espèces de

Fig. 15.

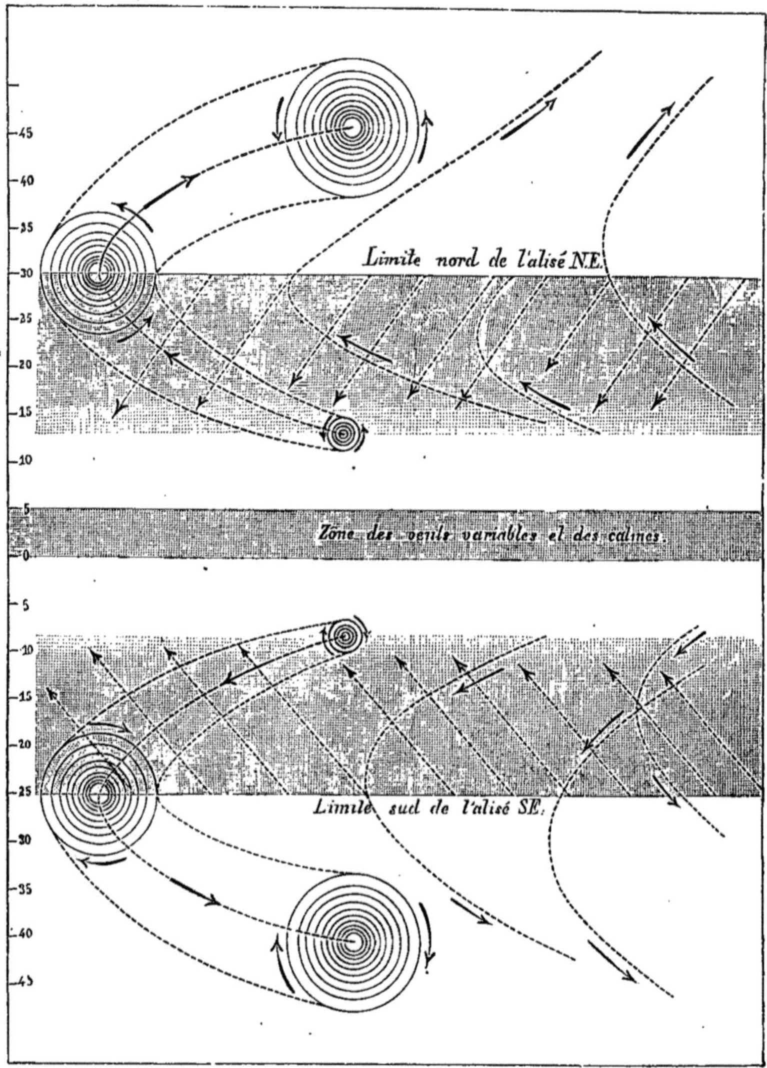

paraboles dont les sommets se trouvent disséminés à quelques degrés des deux limites polaires des alizés d'en bas. Évidemment, ces courants supérieurs, véritables fleuves aériens, doivent faire partie des alizés d'en haut dont on affirmait l'existence sans en connaître la marche. S'il en est ainsi, la *fig.* 15 nous présentera à la fois la projection du double système des alizés et des contre-alizés sur les deux hémisphères.

Si l'atmosphère était soustraite à l'action de la chaleur solaire, elle resterait en équilibre; ses couches successives s'ordonneraient suivant les surfaces de niveau et elle ferait corps, pour ainsi dire, avec le globe terrestre; du moins, elle en suivrait exactement la rotation jusque dans les couches les plus hautes. La chaleur solaire a pour effet de troubler constamment cet équilibre, d'y introduire des mouvements d'autant plus curieux qu'ils ne détruisent pas essentiellement la stratification normale des couches atmosphériques. L'air placé au-dessus de l'hémisphère actuellement éclairé se dilate dans ses couches basses où l'opacité des poussières aériennes et surtout la vapeur d'eau absorbent une si forte part des rayons calorifiques. L'intervention de cette vapeur d'eau, qui monte verticalement de couche en couche par un procédé spécial, a même pour effet de rendre sensible la variation diurne de la température à des hauteurs où elle n'atteindrait pas si l'atmosphère était sèche. Le maximum de cette dilatation générale a lieu dans la zone torride sous les rayons verticaux du Soleil. De la sorte, le centre de gravité des couches basses monte verticalement; celles-ci soulèvent les couches supérieures rares, sèches et transparentes, par conséquent peu sensibles aux rayons solaires. Toutes ces couches successives ainsi transportées au-dessus de leurs surfaces de niveau naturelles tendent à couler d'un mouvement accéléré le long de ces surfaces vers les deux pôles dont la température reste relativement basse. Cet effet est encore augmenté par la marche propre de la vapeur d'eau dont la condensation s'opère principalement aux pôles, d'où elle revient liquide à l'équateur par une autre voie que celle de l'atmosphère, en rasant, à l'état liquide, la surface de notre globe.

Dès lors, l'atmosphère ne saurait suivre exactement la rotation diurne. Une moitié de sa masse (du 30ᵉ degré environ de latitude australe au 35ᵉ degré de latitude boréale) reste en arrière, puisque toutes les molécules sont soulevées dans cette région et décrivent ainsi autour de l'axe terrestre des cercles plus grands avec la vitesse linéaire d'un point de départ inférieur. Il faut y joindre le retard des couches inférieures amenées par les alizés vers la région équatoriale. Au delà des tropiques, au contraire, dans les zones tempérées où la nappe d'air déversée atteint des parallèles de plus en plus petits, l'autre moitié de l'atmosphère se trouve en avance sur la rotation. Vers les cercles polaires, cette avance dégénère en un tourbillonnement de l'O à l'E autour des deux pôles.

Fig. 16.

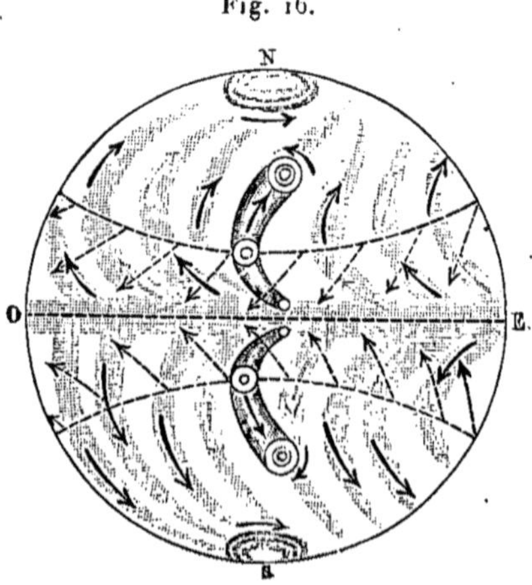

Le sol, par l'inégale distribution des continents et des mers, modifie ce phénomène en rompant le mouvement d'ensemble ; il y naît des inégalités qui transforment la nappe des contre-alizés en grands courants plus ou moins isolés. Nous nous en figurons aisément l'allure en combinant la marche vers les pôles avec les deux tendances transversales opposées dont nous venons de parler. Entre les tropiques, les courants résultants s'écarteront de l'équateur en portant d'abord vers l'O ; au delà, ils continueront à s'en écarter de plus en plus en portant vers l'E. Les deux figures ci-jointes feront mieux comprendre notre pensée.

L'une représente l'ensemble des courants supérieurs pour les deux hémisphères en projection sur un méridien ; l'autre pour l'hémisphère nord en projection sur l'équateur. Les flèches pointillées marquent les contre-courants inférieurs, c'est-à-dire les alizés soufflant obliquement vers l'équateur, presque à angle droit

avec la partie torride des alizés d'en haut. On y voit aussi les
lents tourbillonnements qui en résultent vers les deux pôles. Ils
existent bien réellement, car les météorologistes des États-Unis
les ont signalés dans ces derniers temps sous le nom, peut-être
hasardé, de *cyclones polaires*.

Fig. 17.

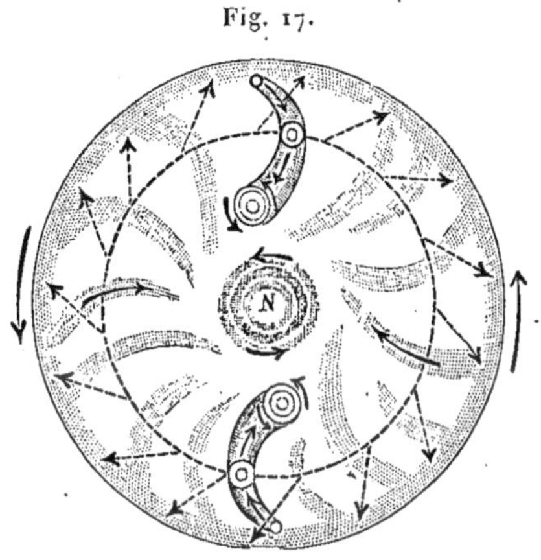

Les fleuves qui se dessinent au sein de ces grands mouvements
par lesquels l'équilibre incessamment troublé tend sans cesse à
se rétablir ont donc précisément l'allure que les auteurs des
lois des tempêtes ont reconnue à leurs trajectoires, tandis que
les alizés des couches inférieures n'ont aucun rapport avec
ces mêmes courbes. Cet accord est une preuve de plus que
les cyclones doivent prendre naissance en haut et descendent
jusqu'au sol en traversant des couches d'air immobiles ou mues
d'une manière totalement indépendante, chose incompréhensible
dans tout autre système d'explication.

Giration.

Quant au sens de la rotation des cyclones, il tient à ce que,
dans ces courants fortement recourbés, la vitesse diminue trans-
versalement de la rive concave à la rive convexe.

Cet énoncé rappelle aussitôt à l'esprit que la rotation de la
Terre, estimée en chaque point de la surface autour de la verticale, présenterait justement le même caractère d'opposition sur

les deux hémisphères pour un observateur placé les pieds sur le
sol ; car, à ce compte, quand cet observateur passe du nord au
sud, il prend deux positions contraires pour juger d'une même
rotation ; il doit donc la voir s'opérer ainsi en deux sens opposés.
Il ne faudrait pourtant pas se hâter de conclure que le grand phénomène météorologique dont nous nous occupons est une conséquence *directe* du mouvement de rotation de la Terre. Il ne
suffit pas, en effet, de considérer le sens des rotations orageuses ;
leur intensité doit aussi entrer en ligne de compte. Si celle-ci
dépendait directement de la seule rotation terrestre, elles seraient
peu sensibles près de l'équateur et augmenteraient d'intensité
vers les pôles sur l'un et l'autre hémisphère. Or, ce n'est pas ce
qui a lieu : les cyclones nés à 10° de l'équateur, tout en occupant
un espace bien plus restreint, ont une giration tout aussi vive,
bien plus vive même qu'en arrivant dans les climats tempérés. La
dépendance des deux phénomènes, je veux parler de la giration
des cyclones et de la rotation terrestre, n'est donc pas immédiate,
et il faut un certain effort d'attention pour reconnaître le lien
étroit, mais indirect, qui existe réellement entre eux.

Le phénomène tient à la figure géométrique des courants
supérieurs, et c'est celle-ci qui est modifiée directement, d'une
certaine manière, par la rotation de notre globe.

Dans un courant fluide où se produisent, par une cause quelconque, des inégalités de vitesse la giration va, pour un observateur faisant face au courant, du côté des petites vitesses au côté
des plus grandes. Cette simple remarque conduit à la solution du
problème.

Les courants supérieurs sont dus à ce que les couches élevées
de l'atmosphère sont soulevées périodiquement tout autour de la
zone tropicale par l'échauffement de l'air inférieur bien plus apte
à absorber la chaleur solaire que l'air pur et sec des très hautes
régions. Si cet air, en coulant vers les pôles, suivait la ligne la
plus courte le long d'un méridien, il n'y aurait pas d'inégalités
bien sensibles de vitesse entre les diverses parties des courants,
partant il n'y aurait pas de giration. Mais nous avons vu comment
ces courants, déviés de cette direction naturelle par la rotation
de la Terre, doivent présenter et présentent effectivement une
forme parabolique dont la concavité est tournée à l'E sur les deux

hémisphères (*voir* la *fig.* 14). Toutes les observations le prouvent, dans les pays où ces phénomènes conservent leur régularité originelle : les trajectoires des cyclones, qui reproduisent fidèlement, sous nos yeux, la marche des courants supérieurs, sont des espèces de paraboles tangentes par le sommet à quelque méridien ; leur concavité est toujours et partout tournée vers l'E. Or, dans de pareils courants, le chemin le plus court pour le trajet d'une molécule obéissant à la pesanteur se trouve sur le côté concave. C'est donc sur ce côté que se trouveront les plus grandes accélérations, là surtout où les avalanches de cirrus équatoriaux, tombant de leur plus grande hauteur, acquièrent leur plus grande puissance, et tendront à produire des girations énergiques même vers l'origine, à quelques degrés (une dizaine) de l'équateur. Et, comme la concavité est tournée vers l'E sur les deux hémisphères, la giration a lieu par toute la Terre de l'O à l'E.

Origine des cyclones tropicaux.

Une chose curieuse et certainement embarrassante pour la théorie, c'est qu'on ignore complètement comment ces cyclones se forment. On a souvent assisté à la naissance d'une trombe ou d'un tornado, mais jamais à celle d'un cyclone. Tout ce qu'on sait c'est qu'ils se forment près de l'équateur, à 5° ou à 10°, et qu'ils sont alors bien plus petits que les cyclones plus éloignés de leur origine. Et, comme les cyclones vont en s'agrandissant de plus en plus, en augmentant leur vitesse de translation et en diminuant celle de giration, au point qu'ils finissent par perdre le calme central et par se segmenter parfois ou se dissoudre, il est évident qu'il faut chercher à leur lieu d'origine, c'est-à-dire à 5° de l'équateur, et non au lieu de leur dissolution.

Un cyclone, comme un tornado, consiste en un disque tournant et marchant ; mais le cyclone a bien d'autres dimensions que la trombe.

La différence consiste surtout en ce que le plan inférieur du disque cyclonique repose sur le sol, tandis que le disque tornadique est à 1000 ou 1500ᵐ au-dessus du sol.

Ces deux sortes de mouvements tournants sont descendants,

mais le tornado ne descend que par son embouchure, c'est-à-dire par le canal qui le fait communiquer par instants avec le sol.

Ce qui produit le mouvement de descente du tornado, c'est, comme nous l'avons vu, la surcharge de l'eau en forme vésiculaire qui produit le nuage dont il est enveloppé, et qu'il reçoit des régions supérieures du cyclone à l'intérieur duquel il se forme. Si le tornado ne descend pas jusqu'au sol en totalité mais seulement par son embouchure, c'est que l'afflux de l'eau vésiculaire qui produit les pluies ou averses qui accompagnent le tornado se trouve interrompu après le temps fort court que dure un tornado. Mais cet afflux dure bien plus longtemps, dure des semaines entières pour les cyclones et là est, comme on va le voir, le nœud de la difficulté.

En effet, des deux plans qui comprennent le disque tournant d'un cyclone, si l'un est le sol, l'autre est énormément plus élevé et se trouve dans la région des cirrus. C'est ce qui résulte de l'existence du calme intérieur des tempêtes tropicales. Ce calme en effet marque la limite supérieure de l'ouragan par la sérénité du ciel qu'on y observe. Cette limite dépasse nécessairement les cirrus, sans quoi la sérénité du ciel n'aurait pas lieu. Ce sont les cirrus qui tombent constamment sur le disque cyclonique qui s'alourdissent par la condensation progressive de l'humidité et la formation des pluies abondantes qui caractérisent les cyclones, comme, en petit, les trombes et tornàdos. De là une surcharge croissante sur les couches inférieures et la chute continuelle vers le sol. A la vérité, il semble résulter de là que ce mouvement vertical doit être accompagné d'une surpression barométrique, tandis qu'en réalité c'est une dépression qu'on observe constamment. Mais il ne faut pas oublier que les mouvements de rotation si étonnamment rapides, qui se produisent en sens horizontal dans les cyclones, ont pour effet de diminuer la pression verticale et de remplacer la surpression par une dépression dont le centre coïncide avec le centre de giration. Nous touchons donc à la solution de notre problème : si les cyclones pèsent continuellement sur le sol, c'est que, par en haut, ils reçoivent continuellement un afflux de cirrus attirés par le gouffre tourbillonnaire d'où émerge l'entonnoir du calme.

Si donc nous voulons remonter à l'origine d'un cyclone, il faut le prendre avant que le plan inférieur ait atteint le sol sous la poussée incessante des cirrus qui en détermine la descente, et rechercher si, dans les météores qui apparaissent à 5° ou 10° de l'équateur, il n'y aurait pas trace d'un disque, tournant avec rapidité et marchant avec lenteur, qui aurait le caractère d'un cyclone incomplet et commençant.

Faisons remarquer tout d'abord qu'un pareil disque ne pourrait aboutir à un véritable cyclone que s'il avait, dès l'origine, le mouvement vers l'O ou l'ONO qui est essentiel aux cyclones intertropicaux (notre hémisphère), car ce serait à cette seule condition qu'il aurait le mouvement de translation nécessaire. Autrement le météore n'aurait qu'une phase très courte d'existence.

Supposons donc un cyclone à l'état rudimentaire né à 10° de distance de l'équateur. Ce sera un disque très petit par rapport aux dimensions qu'il prendra ensuite; ce disque sera compris entre deux plans inégalement visibles dont l'inférieur sera seul nettement perçu. Dans l'éloignement où ce nuage mobile se présentera d'abord, il aura une forme ovalaire qui grandira à mesure qu'il se rapprochera du lieu de l'observateur, c'est-à-dire de son zénith. Puis, à force de s'étendre, il couvrira le ciel et, en même temps, se rapprochera de l'observateur par la base inférieure. Pour aller plus loin, il faut consulter les faits et considérer les météores qui peuvent se produire dans cet ordre d'idées, météores qui ne ressembleront complètement ni à des cyclones, ni à des trombes, mais qui n'en auront pas moins les mouvements de giration et de translation. Nous rechercherons surtout s'il ne se produit pas quelque chose de semblable aux époques où apparaissent les cyclones intertropicaux, c'est-à-dire de juin en octobre, ces cinq mois qu'on nomme, à la Havane, la saison des ouragans et dont on annonce la fin au son des cloches en signe de réjouissance.

Si nous nous reportons aux phénomènes très particuliers que les navigateurs portugais ont souvent observés non loin de l'équateur, au détroit de Malacca, par exemple, en face de l'île de Sumatra, et qu'ils ont nommés *olho de boi* ou œil de bœuf, ou *travado,* on verra qu'il suffit qu'ils se développent et tombent, pour ainsi dire, sur le sol pour aboutir à quelque chose de semblable au cyclone rudimentaire dont nous venons de parler. C'est un orage qui débute d'ordinaire, sous un ciel serein, par l'apparition d'un nuage à l'horizon pas plus grand que la paume de la main. Ce nuage paraîtra s'élever dans le ciel en grandissant démesurément. Il finit par l'envahir en entier. Quand il va être mis en contact avec le sol, alors éclate une tempête épouvantable avec éclairs, tonnerres et averses diluviennes d'eau ou de grêle. En voici une courte mais frappante description que j'ai trouvée dans la *Bible*. Il s'agit de l'orage qui mit fin à l'horrible sécheresse dont la Palestine eut tant à souffrir sous le règne d'Achab (I, Rois, xvii) :

43. ..., Élie dit à son serviteur : Monte maintenant (sur une cime du mont Carmel) et regarde vers la mer. Il monta donc, regarda, et dit : Il n'y a rien.
.... Élie lui dit : Retournes-y par sept fois.

44. .... A la septième fois il dit : Voilà une petite nuée, grande comme la paume de la main d'un homme, qui monte de la mer. Alors Élie lui dit : Monte, et dis à Achab : Attelle ton char et descends de peur que la pluie ne te surprenne.

45. .... Et il arriva que les cieux s'obscurcirent çà et là de nuées, accompagnées de vent, et il y eut une grande pluie.

C'était un simple travado, comme ceux qu'on rencontre si souvent sur les côtes occidentales d'Afrique. Voici des exemples :

« Le signe le plus certain de l'arrivée de ces travados, c'est l'apparition soudaine d'un nuage épais qui monte au-dessus de l'horizon et qu'on distingue aisément dans ces parages où le ciel est habituellement serein et découvert. Ce nuage est nommé *œil de bœuf* à cause de sa petitesse; mais, malgré ce qu'il offre de peu remarquable au début, il s'étend de plus en plus; il finit par couvrir entièrement le ciel, et alors éclate une tempête épouvantable, accompagnée d'éclairs et de tonnerre. La mer furieuse est soulevée jusqu'aux nues qui en laissent retomber l'eau en averses violentes (¹). La pluie tombe plutôt par seaux que par gouttes; souvent elle est mêlée de grêlons d'une grosseur surprenante. Ces vents sont si variables, ils suivent si peu la marche ordinaire qu'en moins d'une heure on les voit sauter successivement de tous les points du compas; en sorte qu'un vaisseau qui a reçu leur

---

(¹) C'est là le vieux préjugé dont nous connaissons bien l'origine.

effort d'un côté se voit, une heure après, assailli avec la même violence sur le bord opposé..... Nos gens de mer rencontrent ordinairement ces travados à partir du 10ᵉ ou 12ᵉ degré de latitude N. Ils ne sévissent pas seulement sur les côtes de Guinée, mais ils s'étendent jusqu'à la terre de Natal et même jusqu'au cap Gardafui au débouché du golfe Arabique (¹). »

Voici, dans le *Traité de Météorologie* de M. Marié-Davy, page 392, une citation du Dʳ Boyle qui décrit ainsi ce phénomène si étrange :

« L'approche du travado, à la station de Sierra-Leone, est annoncée par l'apparition d'une petite tache de couleur argentée qui, se montrant d'abord à une grande hauteur dans le ciel, s'accroît bientôt et descend vers l'horizon avec un mouvement graduel, lent, mais visible. En approchant, elle s'entoure d'un anneau noir qui s'étend dans toutes les directions et finit par s'envelopper dans une impénétrable obscurité. La vie semble alors suspendue sur terre et dans l'atmosphère ; une inquiétude oppresse tous les êtres. L'esprit resterait abattu sous le coup d'une terreur anticipée s'il n'était relevé par l'éclair d'une large flamme électrique, par les grondements de la foudre qui se rapproche rapidement et dont les éclats deviennent formidables. A ce moment, un tourbillon se précipite avec une incroyable violence de la partie la plus sombre de l'horizon, enlevant les toits, brisant les arbres et désemparant les navires qu'il surprend. »

Un savant médecin de la Marine française, le Dʳ Borius, a décrit, dans un intéressant Ouvrage, les tornades du Sénégal (*Recherches sur le climat du Sénégal;* Paris, 1875).

« La tornade, dit-il, survient le plus souvent après une journée de chaleur accablante. La brise du SO qui dominait pendant l'hivernage a fait place à un calme dans lequel la girouette indique par instant des souffles très faibles du N au NO. Malgré cette direction des vents, à laquelle est dû un ciel complètement découvert de nuages, la partie méridionale de l'horizon s'assombrit, une petite masse nuageuse, noire, peu étendue, apparaît au S et permet de présager déjà la formation d'une tornade. Après un

---

(¹) Pièces relatives aux navigateurs anglais du xviiᵉ siècle dans le *Nautical Magazine for* 1848.

temps qui varie de deux à trois ou quatre heures, cette masse noire se met en mouvement et tend à se rapprocher du zénith en s'étendant de manière que le segment de la calotte céleste qu'elle couvre va en grandissant. Ce mouvement est lent; je l'ai toujours vu se faire dans une direction voisine de celle du S au N. Lorsque la masse de nimbus s'est élevée à environ 25° au-dessus de l'horizon, elle y forme un demi-cercle régulier au-dessous duquel on peut parfois apercevoir le ciel.

» Le bord de cette masse a l'apparence d'un bourrelet. Lorsque cette accumulation de nuages s'est avancée jusqu'à une distance de 45° du zénith, elle offre un aspect des plus caractéristiques. C'est un vaste cercle noir, une sorte de champignon sans pied qui serait vu de trois-quarts et par dessous; ses contours sont bien limités en avant et sur les bords, droit et gauche, mal définis en arrière dans la partie qui se confond avec l'horizon. Quelquefois cette forme, comparable à celle d'un champignon incomplètement ouvert, possède un double bourrelet, comme si une calotte sphérique plus petite en surmontait une autre.

» Parfois la marche du météore est si lente qu'il met une demiheure à atteindre le zénith; d'autres fois il s'écoule à peine cinq minutes entre le moment où les nuages commencent à se mouvoir et celui où ils arrivent au-dessus de nos têtes. Si un navire est surpris alors avec toutes ses voiles, il n'aura pas le temps de les serrer au moment où, se trouvant placé sous ce vaste tourbillon, il en ressentira les redoutables effets.

» Les nuages sont parfois, mais rarement, sillonnés de quelques éclairs; en général on n'entend pas de tonnerre. Au-dessous de la partie la plus reculée de cette masse noire, on distingue de gros nuages blancs et parfois des traînées sombres, analogues aux grains de pluie, venant alors compléter la ressemblance de la tornade avec un immense champignon dont les traînées de pluie représenteraient le pied.

» Au moment où les deux tiers du ciel se trouvent couverts, un vent d'une violence extrême se déchaîne à la surface du sol dans la direction du SE. La masse météorique, vue en dessous et de près, n'a plus alors de forme définie; la partie du ciel qui était restée découverte est promptement envahie par les nuages qui semblent se mouvoir en désordre. Cette bourrasque dure au plus un quart d'heure pendant lequel le vent prend une direction.qui passe à l'E, puis au NE, au N, enfin au NO, puis au SO, avec une intensité qui va généralement en faiblissant d'abord, et qui reprend de l'énergie lorsque les vents passent au SO. Ordinairement, lorsque les vents passent au SO, un orage éclate, la pluie tombe avec une abondance extrême pendant un quart d'heure puis devient modérée, et le vent reste au S ou au SO, faible.

» Comme les cyclones, les tornades n'apparaissent que pendant une certaine période de l'année correspondant toujours au moment où le Soleil séjourne dans l'hémisphère où se trouve le lieu de l'observation. Comme les cyclones elles ont un mouvement giratoire qui, dans l'hémisphère boréal, se fait dans le sens contraire à celui des aiguilles d'une montre. »

Ainsi donc, les tornades ou œils de bœuf, donnent naissance aux cyclones d'été ou, si l'on veut, aux ouragans. On est conduit à cette conclusion en considérant le lieu et l'époque de l'apparition de ces phénomènes qui présentent d'ailleurs les mêmes mouvements de giration et de translation, et qui diffèrent tant des tornados ou des trombes. Pour rendre justice à qui de droit, je citerai le passage suivant du *Traité de Météorologie* de M. Marié-Davy, page 393 :

« Les tornades sortent rarement de la zone des calmes équatoriaux; elles y sont maintenues par la convergence des alizés. Quelquefois cependant il arrive qu'elles acquièrent des dimensions exceptionnelles, qu'elles s'étendent en hauteur jusqu'à la région des contre-alizés supérieurs et que, sous l'influence de ces derniers, elles sont entraînées hors de leurs limites ordinaires. Dans ces cas, heureusement fort rares, les tornades deviennent des cyclones. Les cyclones se produisent presque toujours aux époques où la nappe équatoriale ascendante est arrivée à la distance maximum de l'équateur, et lorsqu'elle est sur le point de rétrograder vers la ligne. »

Je ne comprends pas très bien; mais, s'il y a quelque mérite à dire que les tornades deviennent des cyclones dans certains cas, il faut reconnaître ce mérite à M. Marié-Davy. C'est le premier qui ait émis ce que je crois une vérité.

Ce que je comprends mieux, c'est que les tourbillons s'étagent à diverses hauteurs dans l'atmosphère jusqu'à la région des cirrus.

Il y a d'abord les disques orageux, œil de bœuf ou travados

ou tornades, qui suivent la trajectoire d'un futur cyclone et possèdent comme ceux-ci, tout d'abord, une vive giration et une lente translation.

Ensuite les cyclones ordinaires, qui sont des disques plus vastes.

Enfin les trombes ou tornados, qui sont de simples épiphénomènes des cyclones.

Les disques orageux viennent des hauteurs d'où tombent les cirrus équatoriaux ; ils tombent sous le poids des cirrus jusqu'au sol où il forment alors les cyclones, lorsque leurs mouvements concordent bien avec ceux de ces météores. Ils sont compris entre deux plans parallèles dont l'inférieur se rapproche continuellement du sol.

Les disques cycloniques beaucoup plus vastes sont formés lorsque les précédents touchent le sol par leur base inférieure. Leur autre base est dans la région des cirrus. Leur giration va en diminuant, leur translation en s'accélérant.

Les trombes et les tornados sont pareillement compris entre deux plans parallèles, l'un beaucoup plus bas que le plan supérieur des cirrus, l'autre situé au-dessus du sol à quelques centaines ou quelques milliers de mètres d'altitude. Ces deux plans appartiennent au cyclone générateur.

Tous descendent par le poids des cirrus ou de l'eau vésiculaire qui tombent sur eux des hauteurs de l'atmosphère ; mais jamais le plan inférieur des trombes et des tornados n'atteint le sol, sauf l'effet produit par l'appendice inférieur, ou *trompe*.

Union des cyclones et des tornados. — Averses, orages et grêles.

Nous avons vu au commencement une trombe qui a été accompagnée d'un développement énorme d'électricité, de tonnerre, de boules de feu, d'averses subites et de grêles s'étendant sur un long parcours. Il en est ainsi presque toujours des tornados, c'est-à-dire des trombes plus fortes qu'à l'ordinaire.

Voici, en effet, les résultats d'une statistique s'étendant sur deux cents cinq années aux États-Unis.

En 287 cas, les orages précèdent l'apparition du cône de la

trombe; en 113 cas ils l'accompagnent; en 57 ils la suivent;
dans 8 cas seulement ils manquent complètement.

Sur 990 cas où la pluie a été notée, en 377 cas elle a précédé
le tornado, en 437 elle l'a suivi, et en 176 elle l'a accompagné.

Sur 604 cas où la grêle a été mentionnée, 317 l'ont précédé,
124 l'ont suivi, et 163 l'ont accompagné ([1]).

Tous ces phénomènes sont produits par des mouvements tournants, comme les tornados, et doivent être attribués à des trombes
internubaires situées au-dessus des nuées où se produisent les
tornados ou trombes qui ne se prolongent pas au delà des nuées.
On voit, par les chiffres ci-dessus, comment ces trombes internubaires s'intercalent parmi les cyclones.

Sous le coup des désastres effroyables qui accompagnent le
passage des cyclones aux États-Unis, le *Signal Service* a commencé depuis quelque temps à tracer sur ses Cartes synoptiques
de 7^h, 3^h et 11^h les trajectoires des tornados et des orages.

Voici une partie de la Carte du 19 février 1884 à 7^h du
matin (*fig.* 18). C'est une des plus terribles journées de cette
année : elle n'a pas compté moins de 44 tornados qui ont tué
800 personnes, en ont blessé 2400 et détruit 10000 maisons ou
bâtiments divers, réduisant à la misère de nombreuses familles.
Cette année 1884 compte une quarantaine de cyclones; ces cyclones ont amené 180 tornados; le bilan des désastres de cette
année est effrayant ([2]).

L'inspection de ces Cartes a révélé aux officiers du *Signal
Service* un fait, ou pour mieux dire une loi capitale, à savoir que
ces tornados, dessinés sur la Carte par de petites croix, sont tous
reliés au cyclone correspondant, c'est-à-dire contemporain, et s'y
produisent dans une région particulière à laquelle ils ont donné le
nom d'*octant dangereux*.

Voici les propres expressions de M. Finley :

« 1° Il y a, dans une aire de basse pression, une portion définie
où les conditions pour le développement des tornados sont des
plus favorables; elle porte le nom de *dangerous octant*.

([1]) *Tornadoes,* by J. Finley, Lieut. Signal Corps Army; New-York, 1887.
([2]) J.-P. Finley, *Professional papers of the Signal Service,* n° XVI; 1885.

» 2° La région des tornados est au S et à l'E de la région du contraste le plus prononcé entre les vents froids du N et les vents chauds du S. »

Fig. 18.

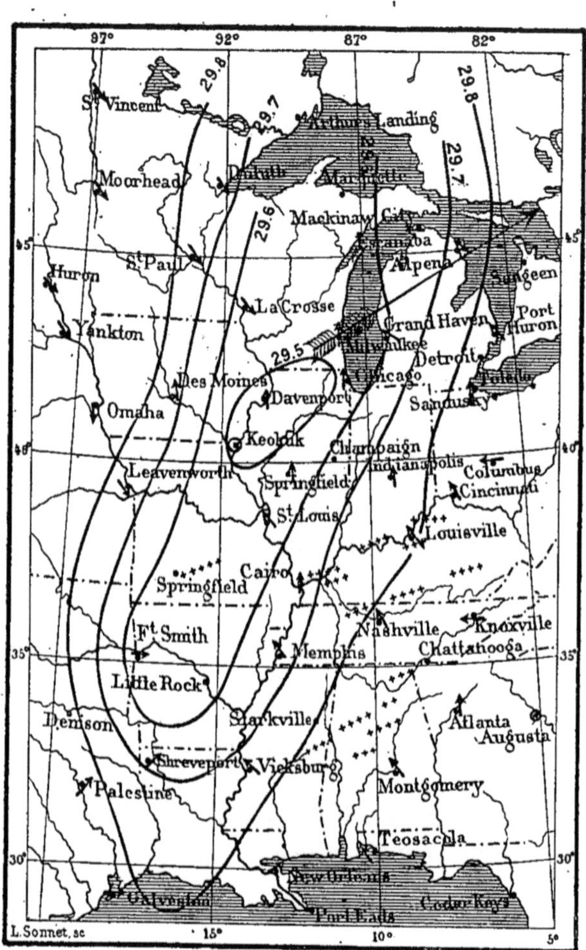

L'étude attentive des tornados américains (*Annuaire du Bureau des Longitudes pour* 1886) m'a donné à croire que leur origine et leur développement ne sont pas directement liés au contraste des températures ou des points de rosée en telle ou telle région du territoire des États-Unis. Il est certain, par contre, que le développement des orages (par l'intermédiaire des trombes internubaires) exige la présence d'une grande épaisseur d'air humide qui ne peut être amené sur ce vaste pays que par les vents du golfe auquel les vents secs et froids du Canada opposent parfois une sorte de barrière. Que les trombes internubaires génératrices de la grêle et des averses se rattachent aux tornados, c'est ce que les observations recueillies depuis près d'un siècle démontrent surabondamment.

Après avoir examiné moi-même ces précieux documents, je crois pouvoir formuler ainsi les relations qui existent entre les tempêtes d'une part et de l'autre les tornados, les ouragans, les grêles qui les accompagnent.

1° Les tornados ou trombes, les orages et les grêles sont de simples épiphénomènes greffés sur les cyclones.

2° Leurs trajectoires n'ont en général de rapport, aux États-Unis, ni avec les isobares ni avec les flèches du vent.

3° Ces trajectoires, relativement très courtes, sont parallèles aux immenses trajectoires des cyclones à l'instant où ces fléaux locaux se produisent, et situées à de grandes distances du centre.

4° Elles sont toutes situées sur le flanc droit du cyclone, dans l'octant qui a pour base l'aire SE-E du compas.

Ce n'est pas là une découverte nouvelle : elle date de la création, en 1863, du Service international à l'Observatoire de Paris, sous la direction de Le Verrier. M. Marié-Davy, à qui nous la devons, avait peine d'abord à l'admettre, ou du moins à l'énoncer sans restriction, car il croyait alors, comme tout le monde, que les orages étaient des phénomènes locaux, nés de quelque rupture d'équilibre dans les basses couches de l'atmosphère en un lieu donné. Néanmoins la citation suivante que j'extrais de son remarquable *Traité de Météorologie générale* (1871, p. 513) est d'une netteté parfaite :

« Presque toujours, cependant, dans nos pays, les orages ont un caractère plus général : ils apparaissent sur le pourtour d'un disque tournant (un cyclone), à une certaine distance du centre... et ils se propagent sur de longues distances, parallèlement à la route parcourue par le centre du disque tournant.

» Il faut bien distinguer ces tores orageux des trombes locales.

qui y naissent fréquemment, et qui ne sont qu'un fait accidentel produit en un point d'un mouvement plus général et plus étendu ».

Il n'y manque que deux choses, à savoir que les trombes ou tornados marchent, aussi bien que les orages, parallèlement à la trajectoire du cyclone, et que tous, ces épiphénomènes se produisent invariablement sur le côté droit de cette trajectoire. En revanche M. Marié-Davy a signalé le fait capital du parallélisme qui existe entre les trajectoires des orages et celles de leurs cyclones. La découverte de M. Marié-Davy a été bien longtemps négligée; elle serait restée dans l'oubli si la nature n'avait infligé coup sur coup d'effroyables désastres aux États-Unis où les tornados sont bien plus fréquents que chez nous.

« A ces grands mouvements tournants correspondent, selon les saisons, un nombre plus ou moins grand d'orages et de trombes sur divers points de leur rayon d'action. Ainsi, le 6 juillet de la même année (1864) nous voyons que plusieurs trombes étaient liées à la présence d'une dépression barométrique qui avait passé dans la matinée sur l'Angleterre. A Montoire (Loir-et-Cher), à Romorantin et dans le Calvados on signale des dégâts causés par des trombes. Le 23 juillet, une autre bourrasque, venant de l'O apparut sur les côtes d'Irlande; elle marcha vers le SE et son centre se trouva à 3ʰ du soir au N de Paris et le lendemain matin en Hollande. Un nombre considérable de mouvements secondaires accompagnèrent le phénomène général et produisirent des orages et des trombes.... (¹) ».

On voit que le phénomène avait été parfaitement décrit en France, mais que la localisation dans le *dangerous octant* l'a été plus tard aux États-Unis.

En résumé, un cyclone doit être conçu désormais comme un vaste disque tronconique à girations à peu près horizontales, portant à son flanc droit de véritables colonies de tornados destructeurs et de trombes internubaires intercalées, avec leurs tonnerres, leurs grêles, leurs averses, franchissant ainsi les continents et les mers; mais, tandis que ceux-ci (les tornados) descendent jusqu'au sol par leur trompe, les secondes, c'est-à-dire les trombes internubaires, s'arrêtent en général aux régions

---

(¹) Zurcher et Margollé, *Trombes et cyclones,* Paris, 1876, p. 171.

basses où les tornados prennent naissance. C'est ainsi que ces derniers ne se rencontrent guère dans les régions très montagneuses, tandis que les trombes internubaires franchissent les chaînes de montagnes avec leurs cyclones et y sèment la grêle tout autant que dans les pays plats.

Voilà une différence bien tranchée entre les cyclones et les tornados dont la face inférieure est située à quelques centaines ou à quelques milliers de mètres au-dessus de la mer, et qui ne communiquent avec le sol que par la trompe. Quoi qu'il en soit de cette différence, l'analogie n'en est pas moins frappante par l'identité des mouvements de translation et de giration, et par l'existence d'un vide intérieur que nous y avons reconnu, vide de plusieurs lieues de large dans les cyclones et de quelques mètres ou décimètres dans les trombes ou les tornados. Il faut donc conclure que, si les trombes ou tornados sont descendants, comme on le voit si fréquemment, il en doit être de même des cyclones. Seulement les cyclones descendent tout entiers, tandis que les trombes ne descendent guère que par leur tuyau. La quantité d'air expulsé en bas par les cyclones ne paraît que par le trouble apporté à chaque instant dans leurs souffles circulaires qui opèrent par rafales.

Annonce télégraphique des tempêtes.

Le colonel Reid, l'un des auteurs des lois des tempêtes, avait écrit vers 1835 à l'Académie des Sciences pour demander qu'on établît dans tous les postes sémaphoriques des signaux destinés à avertir les marins des tempêtes qui viennent du large; mais le colonel ne fut pas écouté. Vingt ans après, en novembre 1854, à l'époque de la guerre de Crimée, une tempête parcourut l'Europe méridionale, alla frapper notre flotte et faillit compromettre le succès de l'expédition. On apprit alors à Paris une chose dont les météorologistes de l'époque ne se doutaient guère, bien que quelques marins instruits la connussent parfaitement (¹) : c'est

---

(¹) Je citerai d'abord Keller [*Le typhon du 11 au 14 septembre 1849* (*Annales hydrographiques*, 1850)], puis un travail du même auteur sur les courants de

que les tempêtes ne sont pas des phénomènes purement locaux; elles voyagent à grande vitesse, frappant successivement les régions placées sur leur parcours; mais quelle que soit leur rapidité, le télégraphe électrique va encore plus vite. Le Verrier, directeur de l'Observatoire de Paris, eut l'idée de créer une organisation complète, destinée à recevoir, de tous les points de l'Europe, l'annonce des tempêtes qui y apparaissent et à signaler aussitôt leur venue aux ports qui n'auraient pas encore été atteints. Cette organisation a rendu de véritables services à notre marine et à nos pêcheurs; elle a été le modèle des établissements analogues qui furent fondés plus tard dans d'autres pays. Elle existe encore aujourd'hui; mais, à la mort de Le Verrier, elle a été enlevée à l'Observatoire sur la réclamation de quelques personnes qui ont prétendu qu'elle perdrait à être maintenue sous la direction d'un astronome et qu'elle gagnerait à passer sous la leur. Mais ce n'est pas là le point précis sur lequel je désire appeler l'attention. La belle création de Le Verrier avait pour but de signaler les ouragans au moment de leur arrivée sur nos côtes; ces signaux devançaient ainsi de plusieurs heures leur arrivée sur d'autres points de nos contrées européennes, mais rien n'avertissait les côtes frappées en premier lieu. Il restait quelque chose de bien plus considérable à faire : c'était de prendre les tempêtes en Amérique et de les signaler à l'Europe, non plus quelques heures, mais plusieurs jours à l'avance.

La mer la plus fréquentée est assurément celle qui s'étend à l'intérieur de l'Amérique, c'est-à-dire l'immense golfe de l'Atlantique nord. Ce serait donc réduire notablement le chiffre des sinistres que d'éclairer en quelque sorte cette longue traversée par l'annonce des tempêtes qui vont y régner. D'après les lois connues, ces tempêtes viennent précisément de l'Amérique; elles traversent l'Océan en quelques jours, suivant des branches de paraboles dirigées vers le NE. Si donc, en Amérique, on parvenait à déterminer avec exactitude quelques points de cette courbe, on serait

---

marée, objet d'un Rapport favorable de l'Académie en 1847. Mais le Rapporteur ne parle que de la question des courants de marée et se borne à dire : « M. Keller traite aussi des moussons, des vents alizés et il indique les prescriptions à suivre pour éviter les dangereux effets tant du mouvement giratoire que du mouvement de translation des tornados, des typhons et des ouragans. »

en état de la prolonger par delà l'Océan jusqu'à nous, sur une Carte bien entendu, et d'annoncer ainsi à l'Europe la marche probable de la tempête, les contrées qui doivent être touchées les premières et jusqu'à l'époque probable de son arrivée.

Cette grandiose idée a été réalisée dans les derniers temps, non par le concours et avec les ressources des gouvernements, mais par la généreuse initiative d'un simple journal. Il est vrai que le journal était le *New-York Herald*. Un service complet avait été organisé dans les bureaux et placé sous la direction de M. Jérôme Collins. Chaque tempête y était signalée pas à pas, soit celles qui ont à traverser tout le continent des États-Unis avant d'atteindre l'Atlantique, soit celles qui sont signalées en mer, non loin des côtes, qui se recourbent à la hauteur du cap Hatteras pour marcher ensuite au NE parallèlement au gulf-stream. C'était de l'étude rapide de ces documents, combinée avec une connaissance approfondie de la marche des tempêtes, que provenaient les annonces si étonnantes que nous lisions de temps à autre dans les journaux. Elles étaient câblées à New-York, à 1^h du matin, et nous arrivaient à Londres à 6^h, temps moyen de Londres.

Cette remarquable organisation a été attaquée avec une ardeur singulière à Londres et à New-York. M. Loomis, à New-York, niait positivement que la chose pût réussir. On doutait à Londres, malgré les recherches du capitaine Toynbee, que les tempêtes américaines arrivassent jamais en Angleterre. Or, d'après une statistique récente de M. Finley, fondée sur 18 ans d'observations de 1869 à 1888, on trouve pour le nombre mensuel des tempêtes observées aux États-Unis, rien que sur le continent, et allant traverser l'Europe :

Janvier	38	Juillet	19
Février	36	Août	26
Mars	3o	Septembre	31
Avril	21	Octobre	28
Mai	21	Novembre	33
Juin	20	Décembre	38

Sans doute les tempêtes ne nous arrivent des États-Unis qu'après des déformations sensibles. Par exemple, les cyclones tropicaux ont pris des dimensions exagérées; ils ont perdu vers 4o° de latitude leur calme central; ils se sont segmentés en bourrasques successives, suivant à peu près les mêmes trajectoires à quelques jours d'intervalle. Il y a de plus à distinguer entre les tempêtes tropicales et les tempêtes d'hiver dont nous allons parler. Malgré tout, les annonces du *New-York Herald* n'étaient en erreur que de 4o pour 1oo environ. Cette belle organisation a disparu avec Jérôme Collins, son fondateur, qui a péri dans l'épouvantable catastrophe de la *Jeannette*. Il n'a pas été remplacé. On ne sait même guère calculer correctement les trajectoires des cyclones que l'on confond trop souvent avec de simples dépressions barométriques, et l'on s'en aperçoit aux singulières sinuosités qu'on attribue à ces courbes. Il faut espérer qu'on reprendra tôt ou tard cette belle entreprise, en mettant à profit les suggestions du prince de Monaco sur la création de stations météorologiques aux îles du Cap Vert, aux Bahamas et aux Açores.

Intervention de M. Hann. — Cyclones d'hiver.

D'après les théories régnantes, l'air est ascendant dans les tempêtes, et la condition pour que cet air monte, en opérant en bas un appel énergique sur les couches les plus basses, est uniquement que sa température soit partout plus élevée que celle des couches d'air qu'il traverse successivement.

La vérification directe de cette hypothèse consisterait à porter un thermomètre à différentes hauteurs dans un cyclone et à comparer ses indications avec les températures correspondantes dans l'atmosphère à l'état d'équilibre. Mais comment hasarder une ascension en ballon en pleine tempête?

La création de nombreux observatoires de montagne en donne aujourd'hui le moyen. Dans ces derniers temps, des météorologistes éminents, le P. Dechrevens et M. Hann en Europe, MM. Hazen, Allen, etc., aux États-Unis, ont entrepris de comparer ainsi la théorie avec les faits sur une étendue verticale de plusieurs kilomètres.

Les résultats ne paraissent pas avoir été favorables à la théorie; M. H. Hazen, par exemple, a formulé les conclusions suivantes, d'après l'étude d'une quarantaine de cyclones et d'anticyclones observés sur le mont Washington ([1]) :

« 1° La théorie actuelle sur la génération et le développement des tempêtes est fort peu solide et ne supporte pas la discussion ;

» 2° Il paraît probable que la formation des tempêtes est complètement indépendante de la distribution des températures dans le sens vertical. »

Les observations de ce savant météorologiste, associé de longue main aux travaux du *Signal Office,* ne portent que sur une seule station, celle du mont Washington, dont l'altitude dépasse à peine 1900^m. Il était donc important de voir si les mêmes conclusions s'étendraient à un cyclone étudié d'un grand nombre de stations à la fois et sur une hauteur beaucoup plus considérable.

C'est ce qu'a fait M. Hann, directeur de l'Institut météorologique autrichien, dans un Mémoire lu le 17 avril 1889 à l'Académie des Sciences de Vienne. L'auteur a mis à profit des circonstances singulièrement favorables qui se sont présentées, à peu de jours d'intervalle, en octobre et novembre 1888. Le 1er octobre, un cyclone passait sur un groupe de neuf observatoires de montagne dans la région des Alpes. Du 12 au 24 du mois suivant, un énorme anticyclone s'est installé sur une grande partie de l'Europe. Son centre est resté tout ce temps-là sur la même région alpestre que le cyclone précédent. Grâce à ces nombreux observatoires de montagne, auxquels il faut joindre ceux du Puy-de-Dôme, du Pic du Midi et de la Schneekoppe, M. Hann a pu déterminer avec sûreté les variations verticales de la température jusqu'à 3500^m et construire le Tableau suivant :

Altitude en mètres.	Températures.	
	Cyclone.	Anticyclone.
m	o	o
500	+7,9	—2,7
1000	+5,1	+6,3
1500	+2,3	+4,4
2000	—0,6	+2,5
2500	—3,4	+0,6
3000	—6,2	—1,3
3500	—9,1	—3,2

([1]) *Storms and central ascendant courants,* dans l'*American Meteor. Journal,* juillet 1889.

Je laisse de côté l'anticyclone, malgré l'intérêt que présentent ces observations, pour m'attacher au cyclone. Voici ce qu'en dit M. Hann. Comparées aux températures de la même colonne d'air, déterminées par 3o années d'observation, celles du cyclone sont inférieures de 4°,3 en moyenne, et les écarts partiels sont distribués assez uniformément sur toute la hauteur. L'écart pour la station de Sonnblick, par exemple, est de 3°,8.

La conclusion qu'en tire M. Hann en Europe est aussi nette et plus énergique encore que celle de M. Hazen aux États-Unis (¹) :

« Nous sommes redevables aux observatoires de montagne, érigés dans ces derniers temps, d'être désormais affranchis du préjugé, suggéré par les observations faites à la surface de la Terre, d'après lequel les températures dans les cyclones et les anticyclones devaient être la condition première de ces phénomènes. »

C'est un échec décisif pour les théories régnantes. J'ignore ce que M. Hazen ou M. Hann entendent leur substituer. Le premier incline à croire qu'au fond du mystère des tempêtes il y a quelque manifestation non encore dévoilée de l'énergie électrique. Le second paraît les considérer comme des phénomènes dépendant de la circulation générale de l'atmosphère, laquelle se rattache à son tour à la différence de température entre l'équateur et les pôles.

Mais M. Hann n'a pas tenu bon dans cette opinion si catégorique. Un autre météorologiste non moins éminent, M. W. Ferrel, a entrepris, un peu avant sa mort, de défendre sa chère théorie contre cette attaque de front, et il l'a fait avec chaleur. Il a commencé par contester que la surpression barométrique sur laquelle M. Hann avait opéré fût un véritable anticyclone; je crois même qu'il n'a pas accordé que la dépression barométrique fût un véritable cyclone. Bref, il a si bien plaidé l'insoutenable cause de la convection que M. Hann s'est cru obligé de faire une large concession en déclarant que ses idées se rapportaient uniquement aux cyclones d'hiver des pays tempérés et particulièrement à ceux de l'Europe. Quant aux cyclones intertropicaux, il admettait pleinement et sans réserve la théorie de la convection.

(¹) *Denkschriften der M. N. Classe der K. Academie* (Vienne, 1890).

Je dois citer ici littéralement les concessions de M. Hann (¹) :

« Malgré les objections que nous avons été forcé de faire à l'explication de nos tempêtes par la théorie de la convection pure, nous reconnaissons volontiers que cette théorie est une belle et satisfaisante conception des ouragans des tropiques, de nos tempêtes d'été et même en partie des trombes et des tornados, une conception qui tiendra toujours dans notre Science une place prédominante. Nous sommes donc bien éloigné de penser que dans les autres manifestations cycloniques la théorie de la convection doive être écartée, considérant surtout que, pour les troubles atmosphériques de l'été, elle comptera toujours quand il s'agira de leur origine. »

Je n'ai point parlé jusqu'ici de cette distinction, c'est-à-dire des tempêtes d'hiver dans les climats tempérés (²), contrastant avec les tempêtes d'été, et particulièrement avec les ouragans des tropiques. Voici ce qu'en dit M. Everett Hayden, U. S. N., bien connu par ses brillantes études sur ce sujet :

« Les tempêtes de l'Atlantique du Nord, célèbres par leur férocité et leur persistance, sont d'un caractère éminemment cyclonique, ce qui veut dire qu'elles ont la circulation caractéristique de l'hémisphère nord en sens opposé aux aiguilles d'une montre, avec une pression barométrique au-dessous de la normale. Elles forment deux classes : l'une des tempêtes d'hiver, au nord du 35ᵉ parallèle; l'autre les tempêtes d'origine tropicale. Les premières sont souvent d'une vaste étendue et d'une grande sévérité, propageant leurs souffles du NE pendant une semaine entière jusqu'au Labrador et la Nouvelle-Écosse, avec une dépression barométrique plus sensible au centre que partout ailleurs. Le quadrant de l'E de la tempête est généralement nuageux, avec des averses de pluie, de neige ou de grêle. Vers le S du centre

---

(¹) *Studien über die Luftdrück*, Sitzung von 9 April 1891, p. 80-81.

(²) La seule différence saillante qu'on puisse constater pour les nuages entre les deux saisons n'a trait qu'à la différence des vitesses. M. Rotch dit nettement qu'à son observatoire du *Blue Hill*, près de Boston, les nuages, depuis les plus basses jusqu'aux plus hautes régions, vont environ deux fois plus vite en hiver qu'en été. (L. Rotch, *The exploration of the Air*, Appalachia, Vol. VIII, n° 1, mai 1896.)

de la tempête se forme parfois un tourbillon secondaire dont la puissance surpasse souvent celle du précédent.

» Les cyclones tropicaux apparaissent principalement de juin en octobre inclusivement et parcourent de grandes paraboles concaves du côté de l'Est avec leurs sommets près de la côte américaine. Ces tempêtes ont un caractère *tornadique* et ont, au centre de leur énorme tourbillon, un espace clair et calme nommée *l'œil de la tempête.* Ces ouragans des Indes occidentales, avec leurs tourbillons tornadiques, les mers effroyables qu'ils soulèvent et les ras de marée qu'ils produisent, sont les plus redoutables de tous, et la route qu'ils parcourent depuis l'équateur jusqu'aux contrées polaires est semée de désastres et de naufrages ([1]). »

Mais rien, dans cette description, n'indique une origine essentiellement différente pour ces deux genres de tempêtes. L'auteur a soin de dire qu'elles offrent toutes le caractère d'une circulation pareille et d'une dépression barométrique analogue. Il s'en faut qu'il faille attribuer les unes à des mouvements formés au ras du sol et les autres à des mouvements nés au-dessus des nuages. Quant à l'œil de la tempête, ce n'est pas un caractère exclusif des tempêtes tropicales, car les trombes et les tornados en présentent l'équivalent. Les tempêtes s'en trouvent privées lorsqu'elles dépassent beaucoup les tropiques et lorsque, leur giration venant à s'atténuer, elles se segmentent parce qu'elles s'élargissent trop.

Viennent ensuite les cyclones de l'Inde, avec leurs divisions suivant les saisons : cyclones des pluies d'été, cyclones des pluies d'hiver (dans la région du nord de l'Inde), cyclones de l'époque des moussons de mai et d'octobre.

Ceux-là sont nommés *cyclones de transition :* ce sont ceux qui ont été si largement traités par Piddington. Ils sont complets, d'une grande vitesse, avec l'œil de la tempête au centre. Mais ils sont de courte durée, et leur origine est le golfe du Bengale.

« Les cyclones d'hiver sont formés sur terre dans la saison froide. Ils apparaissent d'abord dans l'extrême nord de l'Inde. On

---

([1]) *The american metcorological Journal,* janvier 1894.

a même cru qu'ils débutent dans l'Afghanistan. Ils vont vers l'est. Leur intensité est faible ainsi que la dépression barométrique, mais ils sont remarquablement persistants et passent sans se rompre par-dessus les hautes collines du nord de l'Inde. Sous tous les rapports, ils ressemblent aux cyclones d'hiver de l'Europe et de l'Amérique du Nord.

» Les cyclones d'été arrivent pendant la mousson d'été, de juin à septembre, et sont à peu près intermédiaires entre les deux précédents. Parfois ils traversent la péninsule entière et apparaissent dans le golfe Arabique. Notons la particularité suivante dans l'inégale distribution des vents. Les vents sont forts jusqu'à 90 *miles* du centre. Au centre même ils sont ordinairement faibles. Tandis que la dépression, dans les cyclones de transition, est symétrique tout autour du centre, dans les cyclones dont nous parlons la plus forte dépression ne coïncide pas avec le centre de la circulation des vents, mais s'en écarte de 50 *miles* du côté du sud. »

Voir à ce sujet un travail de M. Sidney M. Ballou, dans l'*American meteorological Journal* du mois de novembre 1892. L'auteur incline à assimiler les premiers cyclones aux ouragans des Indes occidentales et les deux derniers, surtout à cause de leur grande hauteur, aux tempêtes d'hiver des États-Unis et d'Europe, ce qui serait entièrement conforme aux doctrines de M. Hann.

Mais malgré les travaux des météorologistes éminents qui se sont voués à l'étude des cyclones des Indes orientales, j'ose croire qu'il y a beaucoup à faire encore pour éclaircir les obscurités que l'on peut remarquer dans leurs résultats. Mon opinion se trouve confirmée, ce me semble, par celle d'un autre météorologiste de l'Hindoustan, M. Dallas, qui pose la question d'une autre manière bien plus conforme aux faits, et que je cite dans les dernières pages de ce petit Volume.

En somme, je trouve que M. Hann a bien raison d'attribuer les cyclones d'hiver à des causes dynamiques résidant dans les hautes régions de l'atmosphère, mais je ne saurais accepter les concessions qu'il fait, pour toutes les autres manifestations cycloniques, à l'inadmissible théorie de la convection.

Opinions actuelles des principaux météorologistes.

J'ai ajouté, aux trois lois des tempêtes découvertes par Redfield, Reid et Piddington, une quatrième loi que voici :

Les cyclones sont des tourbillons descendants à axe vertical, nés dans les hautes régions de l'atmosphère et entraînés par les courants qui y règnent.

L'hypothèse des météorologistes, c'est-à-dire la théorie de la convection, veut que ces tourbillons soient ascendants et que leur origine débute par le sol. Or, les seuls mouvements tourbillonnaires ascendants sont ceux que j'ai nommés les *fausses trombes*. Ils se produisent maintes fois en réalité, mais ils n'ont aucun caractère des vrais cyclones et n'auraient jamais dû être confondus avec eux ni avec les vraies trombes ou les vrais tornados.

Tout cela est bien nettement établi dans les pages qui précèdent. Maintenant je vais passer rapidement en revue l'opinion des météorologistes actuels et montrer qu'ils s'éloignent peu à peu des anciens théoriciens Espy, Loomis, W. Ferrel, etc. Or le phénomène capital, c'est assurément que les tempêtes, au lieu de se dissiper sur place comme on l'a cru longtemps, voyagent avec une vitesse croissante sur des trajectoires géométriquement définies.

Eh bien! voici ce qu'en dit aujourd'hui un Livre qui, depuis son apparition en 1885, a fait autorité :

« En quoi consiste le mouvement de translation d'un tourbillon? L'observation nous apprend que les tourbillons immobiles, *tels qu'on les a toujours supposés jusqu'ici*, ne sauraient être que des exceptions ([1]). »

Puis l'auteur emploie 26 pages d'une discussion très soignée à examiner les hypothèses qu'on a faites sur cette question et il conclut ainsi :

« Pour rendre compte du mouvement de translation des tourbillons atmosphériques, aucun des principes mis en avant jusqu'ici ne saurait suffire. »

([1]) Dr Sprung, *Lehrbuch der Meteorologie*, p. 244.

Si l'air était ascendant dans une tempête, jamais on n'y consta-
terait cet imposant phénomène où, après avoir subi la furie des
vents, on pénètre tout à coup dans une région centrale de calme
absolu de 4 à 5 lieues de diamètre. Cette région est limitée
étroitement par les vents circulaires qui tournent tout autour, en
sorte que le navigateur qui la traverse peut croire la tempête
finie lorsqu'elle va au contraire, après quelques heures de calme
et d'éclaircie, recommencer avec la même violence, mais avec des
vents soufflant dans une direction diamétralement opposée. Bien
plus l'air, au lieu d'y monter, y descend au contraire et prouve,
par l'élévation subite de sa température, par sa sécheresse non
moins subite et par l'aspect du ciel dégarni de nuages, qu'il n'a
pas éprouvé directement l'action des cirrus qui, partout ailleurs
autour de lui, amènent le froid et la condensation des vapeurs.
Forcé de constater ce phénomène, le précédent auteur conclut
par cette déclaration déjà citée à l'occasion du typhon de Manille :

« Ces phénomènes si caractéristiques ne peuvent évidemment
s'expliquer qu'en admettant qu'il existe au centre du tourbillon
un courant d'air descendant. »

Je ne puis ici passer sous silence les travaux de M. Hann, bien
qu'il en ait été longuement question plus haut. Pour que l'air
continue à monter jusqu'au sommet d'un cyclone en opérant en
bas un appel énergique sur les couches d'air conformément à la
théorie de la convection, c'est-à-dire à la théorie de ce que j'ai
appelé les *fausses trombes,* il faut que la température y soit
partout plus élevée que celle des régions de l'air qu'il traverse.
M. Hann a cherché à vérifier cette condition par des observations
faites sur de hautes montagnes. Voici ses conclusions (¹) :

« Nous sommes redevables aux observatoires érigés dans ces
derniers temps, à de grandes hauteurs, d'être désormais affranchis
du préjugé d'après lequel la température dans les cyclones et
les anticyclones devait être la condition première de ces phénomènes. »

L'argument le plus solide, en apparence, celui que l'on m'op-
posait toujours pour prouver que l'air est ascendant dans les
cyclones, à savoir le fait que les isobares sont partout et tou-

---

(¹) *Denkschriften der M. N. Classe der K. Academie,* Band VII, 1890.

jours coupés sous un angle notable par les flèches du vent, de manière à accuser une tendance de l'air nettement centripète, disparaît à son tour. Certes les flèches du vent accusent cette tendance centripète lorsqu'il s'agit de ces tourbillons ascendants qui se montrent parfois dans la nature, dans les fausses trombes, et qui n'y jouent qu'un rôle effacé; mais s'agit-il d'un cyclone, d'un tornado, les choses se passent tout autrement et voici ce que dit un des maîtres de la Science actuels [1] :

« Dans les cyclones bien développés, les Cartes synoptiques montrent que les flèches du vent sont très fréquemment parallèles aux isobares, c'est-à-dire que les vents soufflent précisément dans la direction de la tangente à ces courbes. »

Et comment pourrait-il en être autrement lorsque ces vents soufflent avec furie autour d'un espace parfaitement calme de plusieurs lieues de diamètre.

On voit que les auteurs allemands commencent à faire bon marché de la convection, autrement dit de la théorie des mouvements centripètes, autrement dit de la théorie des fausses trombes.

Passons maintenant aux auteurs anglais. Nous enregistrons d'abord une concession. Au lieu de faire débuter les ouragans et les tornados en bas, on admet qu'ils commencent en haut [2] :

« M. Faye part de ces deux idées : 1° le mouvement commence en haut; 2° il se propage vers le bas et est accompagné d'une giration autour d'un axe vertical.

» La théorie combattue par M. Faye en est exactement le contre-pied : 1° l'action débute au ras du sol; 2° elle se propage vers le haut; 3° elle emprunte sa giration à celle de la Terre.

» Nous ne croyons pas que les chefs de l'école de Météorologie moderne persistent à soutenir cette dernière théorie. La surface de la Terre est ce qu'il y a de moins propre à donner naissance à un tornado, à un cyclone ou à une trombe. Pour maintenir un courant ascendant, il faut que l'air soit à peu près saturé d'humidité; or, cela n'arrivera généralement que dans la plus basse couche de nuages ou tout près de cette couche. Le gradient

---

[1] W. von Bezold, *Zur Theorie der Cyclonen*, page 7.
[2] *Nature*, 14 juin 1888. Article intitulé : *M. Faye's Theory of storms.*

vertical de température et les perturbations qui déterminent
l'action se trouveront réunis précisément à ce niveau, en sorte
que toutes les conditions nécessaires pour faire naître un tornado
commenceront à se produire à une certaine hauteur au-dessus
de la surface de la terre. Sur cette question, par conséquent,
nous pouvons inviter M. Faye à reconnaître son accord avec
nous. »

Malheureusement, la théorie qu'on y adapte est difficilement
intelligible.

Je citerai maintenant M. Dallas, membre de la Société royale
de Météorologie des Indes orientales, qui s'exprime ainsi à la fin
d'un article important sur *le mouvement progressif des cyclones*
dans la région indienne (¹) :

« Parmi les questions qui attendent une solution des météorologistes du temps présent, il n'y en a pas de plus importantes que
celles qui ont trait :

» 1° A la couche de l'atmosphère où les cyclones apparaissent ;

» 2° A la cause déterminante de leur mouvement progressif.

» Si les cyclones sont intimement liés aux courants supérieurs
comme semble le montrer l'investigation ci-dessus, cette liaison
est un argument en faveur de leur génération dans ces courants
et relègue l'origine des cyclones dans une région où l'observation
devient actuellement impossible.

» Quant à ce qui regarde l'influence déterminante sur les mouvements progressifs des cyclones, tout ce qu'on peut valablement
déduire des faits existants semble prouver que cette influence est
concentrée dans les mouvements de l'atmosphère supérieure. Que
la distribution des terres et des mers, des plaines et des montagnes, de la pression barométrique, de l'humidité et de la température exercent une influence, cela est hors de doute ; mais la
forme moyenne des courbes que les cyclones de la région des
Grandes Indes, du golfe du Mexique et de l'océan Pacifique décrivent est si évidemment semblable aux courbes que les courants
supérieurs de l'atmosphère parcourent eux-mêmes dans leur passage de l'équateur aux zones tempérées, que cette similitude en-

---

(¹) *The american Journal of Meteorology,* juin 1892.

traîne une forte présomption que la relation qui existe entre les deux est celle de cause à effet. »

M. Vallot, dans son *Étude des tempêtes au mont Blanc,* où il a rencontré et analysé à 4365ᵐ d'altitude le cyclone terrible qui a dévasté la vallée de Joux et autres localités du Jura (dont nous avons parlé dans notre première Partie), a décrit la combinaison fréquente, dans les grandes tempêtes, des petites oscillations brusques avec des dépressions plus grandes et conclut qu'il y a, dans les tempêtes, des tourbillons de diverses grandeurs insérés les uns dans les autres, et participant à un mouvement général de translation. Il conclut finalement :

« Les anciennes théories, qui voulaient que les tourbillons pussent prendre naissance dans la région basse, à la faveur de l'échauffement du sol, doivent être définitivement abandonnées, et ces expériences, à l'aide de stations conjuguées, se trouvent constituer une preuve expérimentale et sans réplique des belles théories de M. Faye ([1]). »

On voit que des météorologistes de la plus haute distinction tendent de plus en plus à abandonner la théorie de la convection et se rapprochent singulièrement de nos idées. C'est pourquoi un des maîtres de la Science, M. W. von Bezold, directeur du Bureau Central météorologique de Berlin, a fait la déclaration suivante devant l'Académie de Berlin : « Quand on suit attentivement la littérature météorologique de ces dernières années, on est forcé de reconnaître qu'il se prépare peu à peu une importante révolution dans la conception des grands mouvements de l'atmosphère. »

Et il ajoute :

« Cette révolution aura pour résultat de ramener à une juste mesure les vues soutenues par M. Faye sur les mouvements descendants à l'intérieur des cyclones, et de les concilier jusqu'à un certain point avec les opinions qui régnaient naguère presque exclusivement ([2]). »

Mais je crois bien que la révolution dont parle M. de Bezold

([1]) J. VALLOT, *Annales de l'observatoire météorologique du mont Blanc,* Vol. I, 180, Paris. Steinheil.

([2]) W. VON BEZOLD, *Zur Theorie der Cyclonen.*

est plus celle de M. Hann que la mienne, qui est trop radicale. M. Hann veut bien, en effet, que nos cyclones d'hiver soient des phénomènes dynamiques prenant naissance dans les hautes régions de l'atmosphère, mais il marie cette idée avec une autre complètement inconciliable, qui tend à voir dans les cyclones d'été, les ouragans, les trombes, des phénomènes nés dans les basses régions et gouvernés par la convection. Pour moi, cette opinion ne s'applique qu'aux fausses trombes.

Je me rends bien compte des défauts de ma théorie; je les attribue à l'impossibilité actuelle d'aborder mathématiquement l'étude de ces phénomènes où les hypothèses admises en Hydrodynamique ne sont plus de mise. Mais la première condition pour se tirer de cette impossibilité et préparer les voies à l'analyse future, c'est de se figurer expérimentalement les lois de la giration descendante. C'est ce que j'ai tenté de faire. Il en a été de même en Astronomie tant qu'on a voulu étudier le système du monde avant d'avoir une idée nette de la forme des orbites planétaires : les idées des anciens et l'hypothèse de l'excentrique ne pouvaient être d'aucun secours, il a fallu que Képler découvrît ses trois lois expérimentales pour que Newton fût en état d'appliquer à ces grandes questions l'Analyse mathématique.

Les taches du Soleil.

Conclusion. — Quel que soit l'intérêt que m'inspire la Météorologie, je dois avouer que c'est une question d'Astronomie pure qui m'a conduit à m'occuper des cyclones de notre atmosphère. En étudiant les mouvements des taches du Soleil, j'étais arrivé à un résultat fort net : ces taches sont dues à des mouvements giratoires descendants, à axe vertical, nées dans les courants dont la photosphère est sillonnée, et entraînant dans leur sein les gaz relativement froids de l'atmosphère. De là à établir une analogie complète, au point de vue mécanique, entre les taches du Soleil et les cyclones terrestres, il n'y avait qu'un pas. On m'objecta aussitôt que, dans l'opinion unanime des météorologistes, nos cyclones sont, non pas descendants, mais ascendants. J'ai

donc été conduit à étudier ces cyclones, afin de savoir si, sur
la Terre, les mouvements giratoires procèdent autrement que
sur le Soleil, si les lois de la dynamique des fluides ne sont pas
partout les mêmes.

La principale difficulté venait de ce que les météorologistes
voient leurs cyclones par en bas, tandis que les astronomes voient
les taches d'en haut. Mais si, après avoir mis sous les yeux d'un
météorologiste les belles Cartes des taches solaires de Carrington
et les photographies de l'observatoire de Kew, nous nous trans-
portons par la pensée au-dessus du globe terrestre, de façon à
lui faire voir un cyclone ou une trombe de la même manière
que nous autres astronomes contemplons une tache ou un pore,
je crois pouvoir dire qu'il trouvera une ressemblance frappante
entre les deux phénomènes. Comme les taches, les cyclones
débutent par une figure régulièrement circulaire, formée par
l'embouchure conique qui s'est pratiquée dans une couche de
nuages vivement éclairés. Au centre de cet entonnoir nuageux
se trouve une région de calme où les gaz fortement refroidis ne
laissent pas passer sensiblement la lumière : là l'observateur verra
un trou circulaire relativement noir et parfaitement net comme
le noyau des taches.

Bientôt le cyclone en marchant, comme les taches, ira en
s'élargissant démesurément, toujours comme les taches. Il ne
tardera pas à se déformer, à s'allonger; puis il se segmentera,
comme les taches, et donnera lieu à plusieurs girations partielles
dans la même embouchure. Celles-ci finiront par s'isoler; elles
deviendront circulaires et formeront une sorte de chapelet de
cyclones plus petits, indépendants les uns des autres, marchant
à peu près sur la même trajectoire, toujours comme les taches.
D'autres fois, le cyclone s'affaiblira et s'évanouira en chemin, sans
s'être décomposé, ce qui arrive aussi parfois aux taches du Soleil.
Bref, notre météorologiste retrouvera dans son phénomène terrestre tout ce que nos dessins ou nos photographies représentent
sur le Soleil, sauf deux différences dont il est facile de se rendre
compte. La première, c'est qu'un cyclone marche, de l'équateur vers l'un ou l'autre pôle, suivant une trajectoire fortement
recourbée sur elle-même vers l'ouest, comme une parabole, tandis
qu'une tache se meut parallèlement à l'équateur solaire. Cela tient

tout simplement à l'allure des courants générateurs qui, sur le Soleil, suivent des parallèles, tandis que sur la Terre ce sont des courants de déversement vers les pôles en partie déviés, d'abord à l'ouest, puis à l'est, par la rotation du globe. La seconde différence tient à ce que le gaz entraîné dans les cyclones est de l'air qui acquiert à peu près, en descendant, la température et la densité des couches qu'il traverse, en sorte qu'en s'échappant par le bas, au pied du cyclone, il n'a pas de tendance ascensionnelle, tandis que, sur le Soleil, le gaz entraîné est de l'hydrogène presque pur : il remonte tumultueusement autour de la tache, bien au delà de son niveau primitif, à cause de sa légèreté spécifique, de l'énorme surchauffe qu'il a subie en pénétrant au-dessous de la photosphère, et de la rareté excessive de l'atmosphère où il est lancé.

Arrivé à ce point notre météorologiste n'hésitera plus sur la question de savoir si les cyclones sont descendants ou ascendants. Frappé de l'analogie intime des deux ordres de phénomènes, il se posera la question pour les taches, parce que là elle est bien facile à résoudre, et comme les tourbillons solaires sont nécessairement descendants puisque le noyau des taches est noir, il conclura qu'il en doit être de même de nos cyclones terrestres. Si plus tard, à son retour sur notre globe, il examine la question des cyclones en elle-même, comme je l'ai fait de mon côté, il n'aura pas de peine à se démontrer qu'effectivement nos tourbillons sont descendants; puis, s'il a besoin d'une analogie purement terrestre pour se confirmer dans cette idée, il n'aura qu'à examiner ce qui se passe dans nos fleuves, lorsque le courant présente çà ou là des différences tranchées de vitesse, ou bien à considérer que ce n'est que dans les fausses trombes que les courants sont ascendants.

L'histoire de l'Astronomie m'aura aidé à comprendre pourquoi la théorie que je soutiens en Météorologie a été si mal accueillie il y a vingt-cinq ans : c'est que les météorologistes avaient leur préjugé aussi vieux, aussi tenace que celui de l'immobilité de la Terre. Les anciens astronomes, après avoir écouté avec une impatience mal dissimulée les plus lumineuses démonstrations, répondaient aux novateurs : Vous avez beau dire, je sens bien que le sol qui me porte ne bouge pas ! De même les météorologistes : Vous avez beau argumenter, les faits sont là : nous avons vu les trombes aspirer l'eau de la mer ou le sable du désert, et les tornados pomper jusqu'aux nues des objets légers et même lourds comme des barres de fer.

Aujourd'hui, après vingt-cinq ans d'efforts, les choses ont bien changé. La théorie que je soutiens gagne des partisans; celle qu'on m'oppose en perd tous les jours. Je m'en féliciterai pour les navigateurs qui, les premiers, sont intéressés dans ces débats, et pour les hommes illustres, Redfield, Reid et Piddington, auxquels on aura finalement rendu pleine justice.

FIN.

TABLE DES MATIÈRES.

PREMIÈRE PARTIE.

Trombes ou tornados.

DEUXIÈME PARTIE.

Les tempêtes.

FIN DE LA TABLE DES MATIÈRES.

24431 Paris. — Imprimerie GAUTHIER-VILLARS ET FILS, quai des Grands-Augustins, 55.

www.ingramcontent.com/pod-product-compliance
Ingram Content Group UK Ltd.
Pitfield, Milton Keynes, MK11 3LW, UK
UKHW022232120726
13694UKWH00002B/802